长三角一体化下
新型智慧城市规划与实践

陈 琪 著

内容提要

本书为智慧城市建设相关的顶层设计理论著作。全书分为三篇共8章，概论篇介绍智慧城市发展历程、长三角城市特点、智慧城市调查方案及新技术的应用；实施篇内容包括总体设计、业务应用谱系、基础设施体系、运营支撑体系等；案例篇主要介绍国内外的先进智慧城市建设案例。本书适合城市建设规划部门或机构人员作为参考用书，也适合智慧城市建设的相关学者阅读使用。

图书在版编目(CIP)数据

长三角一体化下新型智慧城市规划与实践/ 陈琪著
.—上海：上海交通大学出版社，2023.7
ISBN 978-7-313-29014-4

Ⅰ.①长… Ⅱ.①陈… Ⅲ.①长江三角洲—城市规划—研究 Ⅳ.①TU984.25

中国国家版本馆CIP数据核字(2023)第124503号

长三角一体化下新型智慧城市规划与实践
CHANGSANJIAO YITIHUAXIA XINXING ZHIHUI CHENGSHI GUIHUA YU SHIJIAN

著　者：陈　琪
出版发行：上海交通大学出版社　　地　址：上海市番禺路951号
邮政编码：200030　　电　话：021-64071208
印　制：苏州市古得堡数码印刷有限公司　　经　销：全国新华书店
开　本：710 mm×1000 mm　1/16　　印　张：12.25
字　数：210千字
版　次：2023年7月第1版　　印　次：2023年7月第1次印刷
书　号：ISBN 978-7-313-29014-4
定　价：58.00元

前　言

党的十九大报告提出建设“网络强国”“数字中国”和“智慧社会”的国家战略，智慧城市作为城市发展的高级形态，是新技术变革与城市发展新挑战的共同产物，也是落实“网络强国”“数字中国”“智慧社会”战略的强有力工具，其本质是用全新的技术手段赋能城市，重塑城市的发展模式。

随着我国城市人口快速增加，城镇化进程逐步加快，城市人口数量和密度持续攀升，相应带来了交通拥堵、环境污染、安全风险等新问题，城市规模的迅速膨胀与传统粗放式治理模式产生了矛盾，亟须满足当今城市运行需求的新城市治理模式以有效治理城市病，提升城市运行效率。智慧城市建设直接关系着人民生活、产业发展、城市管理和城市安全，是提升城市核心竞争力的重要抓手。

为实现城市的可持续发展，围绕新时期的城市发展内外部基础与形势，根据新型智慧城市发展的政策要求和方向引导，全面推动新一代信息技术与城市发展深度融合，提升产业发展的数字化创新能级，提升城市治理的智慧化水平、民众生活的宜居移动化水平，打造城市发展新形态和模式，已经成为城市可持续发展的关键、必要路径。在城市发展状况及未来发展目标的基础上，以信息为主导、网络为支撑、数据为要义、服务为根本，将现代信息技术与城市发展、人文需求深度融合，实现城市发展更科学、管理更高效、生活更美好的目标。为实现这一目标，新型智慧城市规划开展顶层设计工作具有十分重要的指导意义。

目 录

概 论 篇

第 1 章　智慧城市发展历程 ······ 3

1.1　智慧城市的政策导向 ······ 3

1.2　智慧城市评价标准的演进 ······ 5

1.3　智慧城市发展现状 ······ 6

第 2 章　长三角区域城市特点及需求分析 ······ 18

2.1　长三角区域城市特点 ······ 18

2.2　长三角一体化发展规划 ······ 21

2.3　长三角一体化下新型智慧城市建设需求分析 ······ 25

第 3 章　新型智慧城市调研方案 ······ 29

3.1　调研目的 ······ 29

3.2　调研对象 ······ 29

3.3　调研方法 ······ 30

3.4　调研内容 ······ 30

3.5　调研组织设计及人员配备 ······ 45

3.6　主题调研 ······ 46

第 4 章　新技术在智慧城市中的应用 ······ 51

4.1　5G+智慧应用 ······ 51

4.2　人工智能+智慧应用 ······ 65

4.3 区块链+智慧应用 …… 75
4.4 城市大数据应用 …… 83
4.5 云边协同+智慧应用 …… 84

实 施 篇

第5章 总体设计 …… 97
5.1 指导思想 …… 97
5.2 建设原则 …… 98
5.3 建设目标 …… 100
5.4 总体架构 …… 102
5.5 具体架构 …… 103

第6章 业务应用谱系 …… 109
6.1 构建无处不在的惠民服务 …… 109
6.2 打造融合创新的产业经济环境 …… 118
6.3 打造精准精细的城市治理 …… 130
6.4 建设绿色宜居的智慧和谐社会 …… 140

第7章 智慧城市的实施保障 …… 157
7.1 智慧城市基础设施体系 …… 157
7.2 运营支撑体系 …… 164
7.3 实施路径 …… 171
7.4 综合保障 …… 173

案 例 篇

第8章 智慧城市建设案例 …… 177
8.1 智慧城市国际案例 …… 177
8.2 智慧城市国内案例 …… 180
8.3 对我国建设智慧城市的启发 …… 185

参考文献 …… 187

概　论　篇

第1章　智慧城市发展历程

2008年，IBM首次提出了“智慧星球”（smarter planet）愿景，用“智慧城市”（smarter cities）的概念涵盖硬件、软件、管理、计算、数据分析等业务在城市领域中的集成服务，我们称为智慧城市1.0。2012年，党的十八大提出“新型城镇化，信息惠民”，形成以移动互联网为驱动的智慧城市2.0。2015年，随着互联网+，大数据，云计算技术的广泛应用，中央网信办、国家互联网信息办提出了“新型智慧城市概念”。到2018年，随着工业4.0和智能制造的提出，5G和人工智能的成熟应用，城市大数据从量变到质变，诞生了“数字孪生城市”的概念（见图1-1）。

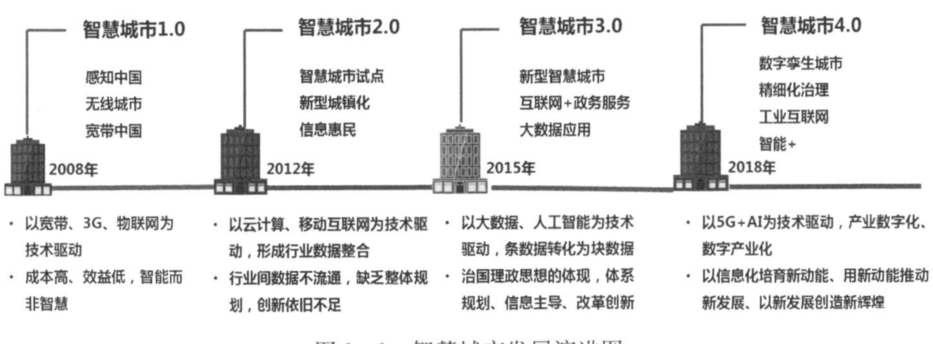

图1-1　智慧城市发展演进图

1.1　智慧城市的政策导向

我国现代化城市发展大致经历着信息化、数字化和智慧化建设的历程，智慧城市的兴起是建立在完备的网络基础设施、海量的数据资源、多领域的业务流程整合等信息化和数字化建设的基础之上。智慧城市是运用物联网、云计算、大数据、人工智能、区块链及空间地理信息集成等新一代信息技术，促进城市规划、建设、管理和服务智慧化的新理念和新模式。我国智慧城市的建设，得到国家和各级地方政府的支持，国家通过颁发一系列政策积极推进智慧城市的建设，并把智慧城市的建设与国计民生相关的各行各业紧密联系在一起，鼓励智慧城市各领域的发展。

2015 年 10 月，党的十八届五中全会提出“创新、协调、绿色、开放、共享”的新发展理念，为城市发展赋予了新的内涵，对智慧城市建设提出了新的要求。2015 年底，为响应新时期的建设要求、落实党中央对城市工作的指示，中央网信办、国家互联网信息办提出了“新型智慧城市”概念。“十三五”规划也明确提出“以基础设施智能化、公共服务便利化、社会治理精细化为重点，充分运用现代信息技术和大数据，建设一批新型示范性智慧城市”。

2017 年 7 月，国务院发布了《新一代人工智能发展规划》(以下简称《规划》)指出，面向 2030 年我国新一代人工智能发展的六个重点任务，即构建开放协同的人工智能科技创新体系、培育高端高效的智能经济、建设安全便捷的智能社会、加强人工智能领域军民融合、构建泛在安全高效的智能化基础设施体系和前瞻布局新一代人工智能重大科技项目。通过加快人工智能与经济、社会、国防等方面的深度融合，为智慧城市的建设打下坚实的基础。

2017 年 9 月，国家测绘地理信息局印发了《智慧城市时空大数据与云平台建设技术大纲(2017)》(以下简称《大纲》)提出，在原有数字城市地理空间框架的基础上，依托城市云支撑环境，实现向智慧城市时空基准、时空大数据和时空信息云平台的提升，建设城市时空基础设施，开发智慧专题应用系统，为智慧城市时空基础设施的全面应用积累经验。凝练智慧城市时空基础设施建设管理模式、技术体制、运行机制、应用服务模式和标准规范及政策法规，为推动全国数字城市向智慧城市的升级转型奠定基础。

2017 年 10 月，党的十九大报告中提出“要建设科技强国、质量强国、航天强国、网络强国、交通强国、数字中国和智慧社会”的国家战略，推动互联网、大数据、人工智能和实体经济深度融合，建设数字中国、智慧社会。

习近平总书记于 2017 年 12 月提出“实施国家大数据战略，加快建设数字中国”的要求。开展智慧城市建设是我国实施国家大数据战略，加快建设数字中国的重要抓手。建设智慧城市，对加快工业化、信息化、城镇化及农业现代化“四化”融合，提升城市可持续发展能力具有重要意义。

2017 年 12 月，中央网信办、国家发展改革委会同有关部门联合印发《关于开展国家电子政务综合试点的通知》(以下简称《通知》)指出，到 2019 年底，各试点地区电子政务统筹能力显著增强，基础设施集约化水平明显提高，政务信息资源基本实现按需有序共享，政务服务便捷化水平大幅提升，探索出一套符合本地实际的电子政务发展模式，形成一批可借鉴的电子政务发展成果，为统筹推进国家电子政务发展积累经验。

2019年10月，党的十九届四中全会对坚持和完善中国特色社会主义制度、推进国家治理体系和治理能力现代化做出全面部署、提出明确要求，提出“推进数字政府建设，加强数据有序共享”“建设更高水平的平安中国”和“完善社会治安防控体系”。

2019年3月，国家发改委印发《2019年新型城镇化建设重点任务》(以下简称《任务》)指出，“优化提升新型智慧城市建设评价工作，指导地级以上城市整合建成数字化城市管理平台，增强城市管理综合统筹能力，提高城市科学化、精细化、智能化管理水平。”

2019年12月，国务院发布《长三角区域一体化发展规划纲要》(以下简称《纲要》)分析了长三角一体化发展所具备的基础条件以及所面临的机遇挑战，明确了“一极三区一高地”的战略定位，提出“高水平打造长三角世界级城市群”，是指导长三角地区当前和今后一个时期一体化发展的纲领性文件。

1.2　智慧城市评价标准的演进

同时，智慧城市相关国家标准陆续发布，从顶层设计上指导新型智慧城市建设健康有序发展。2016年12月3日起实施的《新型智慧城市评价指标》，属于第一批智慧城市国家标准，规定了新型智慧城市评价指标的指标体系、指标说明和指标权重。为了促进新型智慧城市健康发展，2018年更新发布了《新型智慧城市评价指标(2018)》，通过对智慧城市评价指标的优化、调整，更简单、更便利、更科学、更能代表城市市民体验和智慧城市建设实效，进而更好地推进新型智慧城市建设。2018年12月28日起实施的《智慧城市术语》界定了智慧城市领域中常用的术语和定义。2019年1月1日起实施的《智慧城市顶层设计指南》规定了智慧城市顶层设计的总体原则、基本过程及需求分析、总体设计、架构设计、实施路径规划的具体要求。2019年5月1日起实施的《智慧城市　数据融合》(第1部分：概念模型)(第2部分：数据编码规范)规定了智慧城市数据融合的概念模型、数据标识符的编码结构和编码规则，《智慧城市　公共信息与服务支撑平台(第1、2部分)》规定了智慧城市公共信息与服务支撑平台的总体参考框架、技术支撑、数据与服务管理、能力开放、安全管理、运维管理等总体要求以及公共信息资源目录的管理要求和服务要求，《智慧城市　信息技术运营指南》提供了智慧城市运营的总体框架及 ICT 基础设施运营、数据应用、信息系统运营、安全运营等方面的相关建议。《面向智慧城市的物联网技术应用指南》给出了面向智慧城市的物联网参考体系结构。2019 年 7 月 1 日起实施的《智慧城市 公共信息与服务平台第 3 部分》规定了智慧城市公共信息与服务支撑平台的测试要求。2020 年 3 月 1 日起实施的《信息安全技术 智慧城市安全体系架构》构建了智慧城市安全体系架构，提出了智慧城市安全总体要求和协调运行逻辑。2020 年 5 月 1 日起实施的《智慧城市 建筑及居住区综合服务平台通用技术要求》规定了建筑及居住区综合服务平台的体系架构及功能要求、系统配置要求和安全要求等。

1.3 智慧城市发展现状

智慧城市是综合运用新一代信息技术，促进城市规划、建设、管理和服务智慧化转型的新理念和新模式。建设智慧城市对加快工业化、信息化、城镇化、农业现代化融合发展，提升城市可持续发展能力具有重要意义。

智慧城市建设，有助于高效施政。通过智慧城市建设，集实有人口服务管理、实有房屋管理、社会矛盾纠纷排查、社会治安防控、重点及特殊人群服务、社会稳定风险评估、非公经济和社会组织管理等功能于一体，可实现跨部门、跨地区的信息共享与科学管理，实现社情全摸清、矛盾全掌握、服务全方位，更好地维护社会和谐稳定。

智慧城市建设，有助于造福民生。智慧城市建设从群众的需求出发，充分整合数据资源，以创新促应用，不断拓展各领域信息技术应用的广度和深度，增强信息化对城市生活的支撑，为群众提供便利的生活条件，让群众更好地享受智能科技发展的普惠成果，提高群众生活品质，提升群众的幸福感和安全指数。

智慧城市基础性建设主要包括物联网、云计算、智能交通、智能电网等领域，这些基础性领域的快速发展将会推动全球智慧城市建设的进程。据统计数据显示，2017 年，全球物流网、云计算、智慧交通和智慧电网的市场规模分别为 798 亿、2 628 亿、900 亿和 208 亿美元。经过初期的构想和实施，全球智慧城市建设已经进入起步阶段。各国开始规划未来几年智慧城市建设的方向，技术的发展和进步促使世界进入智慧城市的竞争格局。

麦肯锡全球研究院对全球 50 个智慧城市的智能应用部署及发展情况，分别从三个层次进行了分析：技术基础、应用引入数量和范围、公众接受程度。在调研过程中，欧洲和部分其他高收入城市的居民对调查回复反响平平，但中国城市的调查结果却显示出了极高的认知和普及水平。调研中涉及的中国城市包括：北京、上海、深圳、银川和香港。调研报告显示，中国城市的技术基础设施水平普遍较高，具体体现为智能手机普及率高、智能电表推广情况良好以及智能监测覆盖率高，其中上海、香港拥有领先的数据平台，而深圳则是世界上无线互联网覆盖最好的城市之一。智能应用的大范围试点和推广也是中国智慧城市发展的亮点之一。特别是智能出行应用在中国的普及情况，包括共享汽车、共享单车、公交实时信息查询在内的应用被大部分中国城市居民接受并使用。

据世界银行测算：一个百万人口以上的智慧城市建设，在同等投入的情况下，实施全方位的智慧管理，能增加城市发展红利 2.5 至 3 倍，并促进实现 4 倍左右的可持续发展目标。

1.3.1　国外智慧城市发展情况

在“智慧城市”概念尚未推广的“前智慧城市”时期，通过技术手段来提高城市服务质量和管理效率并非一种全新的理念，美国纽约、瑞典斯德哥尔摩、英国赫尔等城市都曾有相对分散的实践，提升城市网络基础设施和信息化发展。而“智慧城市”概念的出现，意味着将新技术与城市发展的各个方面结合，形成整体的理念框架（见图 1－2）。经过不断的演变和发展，对智慧城市的理解经历了技术驱动、城市主导、创新共享三个阶段，智慧城市已经不仅仅意味着基础设施和技术的升级改造，也成为城市推动各领域发展和抢占新一轮发展机会的手段。

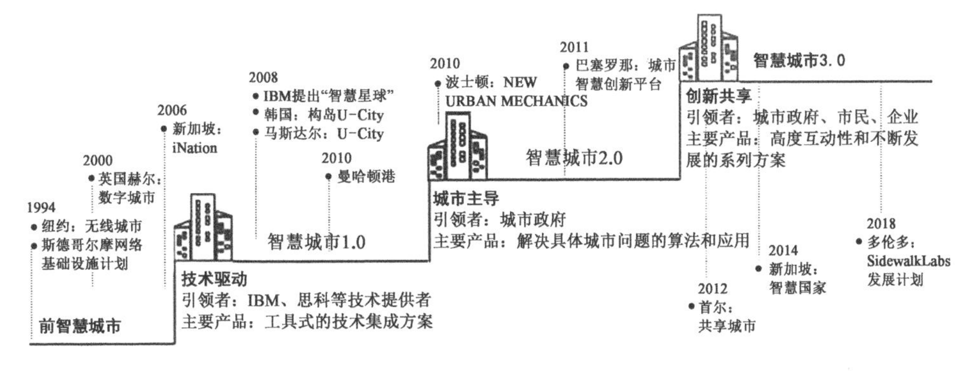

图 1－2　国外智慧城市理念发展历程与典型城市

在世界范围内，“智慧城市”实践的领先代表城市有信息科技的圣地硅谷所在地美国的旧金山、老牌城市英国伦敦、西班牙巴塞罗那，以及新加坡等。

(1) 新加坡，iNation，世界第一"智慧国家"。遍及全新加坡的感应器和摄像头；涉及从卫生到交通的各个领域；在交通领域处于世界领先地位；2014 年启动"虚拟新加坡"项目，把"智慧城市"的建设带到一个全新的水平。

(2) 旧金山，Connected City，"连接城市"。技术的爆发式进步使得旧金山成为硅谷的"非官方首府"；智慧交通使得居民可以便利地定位停车点。

(3) 伦敦，Smarter London Together，更智慧的伦敦。伦敦作为一个技术智慧城市技术港，一直在实践"智慧城市"；2018 年伦敦启动了"更智慧的伦敦"计划，涉及解决交通拥堵、环保等一系列的智慧解决方案。

(4) 巴塞罗那，The first truly smart city，第一个真正的"智慧城市"。智慧街灯、智慧垃圾处理、智慧交通、智慧噪声等，尤其是智慧水资源处理，解决了巴塞罗那的缺水问题。

从世界范围来看，"智慧城市"的实践已经证明科技的发展对于解决城市的交通、医疗、资源、安全等城市发展带来的问题是切实可行的，借助人工智能、信息互联网等科技手段构建城市是未来的发展方向。

1.3.2 国内智慧城市发展情况

作为现代化城市运行和治理的一种新模式与新理念，智慧城市的建设能够优化城市运行流程，提高城市运行效率，是现代化城市发展进程的必然阶段。

2011 年，中国城镇化率首次超过 50%，这意味着中国的城镇人口数量首次超过农村人口数量，城镇化增长速度趋于放缓，城市发展的关注点从增量转向存量。曾经只有少数大城市才需要面对的拥堵、污染、安全、管理等问题，成为大多数城市都需要解决的难题。同时，城市系统复杂度提升、需求多样化程度提高，要求城市运转更加高效、管理更加精细，这为智慧城市的发展留下了巨大空间。智慧城市成功驶入城市建设轨道，并在政府的引领下取得快速发展。

中国智慧城市建设的快速发展与国家战略的推动和互联网的高度普及密不可分，"数字中国""互联网+""智慧城市"是我国当前的三大发展主题，在"数字中国"国家战略的大背景下，通过智慧城市建设，稳步推进城市信息化发展，同时智慧城市也是落实"互联网+"战略的最有力的工具。我国的智慧城市建设共经历了三个阶段：在智慧城市 1.0 阶段，主要采用传统信息化手段提高城市信息化基础水平。在智慧城市 2.0 阶段，城市信息化建设与互联网紧密结合，利用云计算、大数据等技术，通过多样化的科技赋能来满足不同场景下的城市需求。在智慧城市 3.0 阶段，新 IT 技术打破了设备、组织间的数据孤岛，可实现智慧出行、智慧安防、智慧社区等多领域的融合服务。因此，智慧城市3.0的建设不仅是新型基础设施建设，更应整合软硬件资源，考虑包含设计、实施、运营、维护在内的全生命周期管理，为公众提供更便捷智慧的新服务。

智慧城市理念在中国经历了短暂的概念普及后，在2013—2015年间进入爆发式增长阶段，中国成为智慧城市数量最多的国家。这种爆发，在国家层面表现为2013—2015年间相关政策、指导意见、试点的密集发布；在地方层面表现为智慧城市顶层设计与规划、基础设施、公共服务项目得到积极推进。据不完全统计，中国的智慧城市数量已经超过500个，居全球之最。

新型智慧城市的概念在2016年首次提出，其秉承“以人为本”的发展理念，着力破解智慧城市建设中面临的信息壁垒和居民获得感不强等问题。新型智慧城市建设包括无处不在的惠民服务、透明高效的在线政府、精细精准的城市治理、融合创新的数字经济、集约统筹的基础设施、安全可控的运行体系等关键要素。2018年3月，国家发展改革委员会发布《关于实施2018年推进新型城镇化建设重点任务的通知》，以新型智慧城市评价工作为抓手，推进城市治理和公共服务智慧化。根据《国家新型智慧城市评价指标》，我国对智慧城市的评价内容包括惠民服务、市民体验、精准治理、生态宜居、智能设施、信息资源、网络安全、改革创新8个方面，这也是智慧城市行业能够帮助城市解决的重点问题领域。

目前，国家及各地方政府先后出台了一系列政策措施，推进智慧城市建设，旨在通过智慧城市建设和其他城市规划建设管理措施，提高城市运行效率。智慧城市作为一种公共系统工程，落地实施离不开地方政府的引导和推动，因而各地方政府的智慧城市建设项目数量，可以作为衡量行业发展情况的重要指标。从政府公开信息来看，2013—2018年，由政府委托的智慧城市项目中标数量从12个增至162个，智慧城市建设的集群化特征显著，发展总体不均衡，其中沿海发达地区的智慧城市项目显著多于其他地区，华东、华北、华中南地区的项目数量占全国总量的近70%，是智慧城市建设集中区域。

1.3.2.1　智慧城市发展环境

1）顶层布局

2016年以后，由国家部委主导的智慧城市试点项目逐渐减少，智慧城市的发展重点从概念普及转向落地实践，国家与地方政策也呈现出持续演进、逐步落实的特点。

在国家层面，《智慧城市　技术参考模型》《智慧城市评价模型及基础评价指标》《智慧城市　顶层设计指南》《智慧城市　信息技术运营指南》《面向智慧城市的物联网技术应用指南》相继发布，智慧城市相关的国家标准体系逐渐形成；在地方层面，越来越多的地区和城市发布了智慧城市相关的法规和条例，为智慧城市的落地实践创造条件。

在地方层面，部分省市先后出台智慧城市建设规划与政策。

(1) 北京：《智慧北京行动纲要》。提出"4＋4"行动计划：四项智慧应用行动计划——城市智能运行、市民数字生活、企业网络运营、政府整合服务；四项智慧支撑行动计划——基础设施提升、公用平台建设、应用产业对接、创新发展环境。

(2)上海：《上海市推进智慧城市建设"十三五"规划》。上海市推进智慧城市建设，力争到2020年，上海信息化整体水平继续保持国内领先，部分领域达到国际先进水平，以便捷化的智慧生活、高端化的智慧经济、精细化的智慧治理、协同化的智慧政务为重点，以新一代信息基础设施、信息资源开发利用、信息技术产业、网络安全保障为支撑的智慧城市体系框架进一步完善，初步建成以泛在化、融合化、智敏化为特征的智慧城市。

(3) 广州：《关于建设智慧广州的实施意见》。智慧广州的建设包括建成一批战略性信息基础设施、智能化管理和服务系统，发展一批智慧型产业，突破一批新一代信息技术，提升市民信息技术应用水平，健全智慧城市发展保障体系，实现信息网络广泛覆盖、智能技术高度集中、智能经济高端发展、智能服务高效便民，打造广州成为中国智慧城市建设先行示范市。

国内智慧城市建设已形成遍地开花的总体建设格局，除环渤海、长三角和珠三角三大经济区外，成渝经济圈、武汉城市群、鄱阳湖生态经济区、关中-天水经济圈等中西部地区的智慧城市建设均呈现出良好发展态势。智慧城市管理、智能交通、智慧安防、智慧医疗等方面是当前智慧城市投资的重点方向。

2) 技术环境

在技术方面，中国已经成为ICT(Information and Communication Technology，信息与通信技术)应用发展最快的国家之一。根据国家统计局的报告，截至2018年末，中国4G用户总数达到11.7亿，形成全球规模最大的4G网络；移动支付交易规模超过150万亿元，居全球之首。随着移动互联网的普及，ICT发展的规模效益凸显。伴随着ICT在安防、交通、金融等多个领域的规模化商用，且与以人工智能、大数据、云计算、物联网、区块链、5G、地理信息为主的新一代技术协同作用，为智慧城市的发展奠定丰富的技术支撑，使智慧城市具备感知互联、交互共享、智能分析、辅助决策的能力，促进智慧城市更快发展。

3）实践环境

在实践层面，城市具有高密度的人口、快速迭代的市场和复杂多样的应用场景，能够催生技术和商业模式创新，是科技企业延长产品线，整合技术、资金、业务、市场的最好舞台。从 IBM 的“智慧星球”开始，科技与互联网行业对城市的探索从未停止，微软的“城市计算”、谷歌的“未来城市”、阿里的“城市大脑”、百度的“AI＋城市”，科技巨头在城市领域的布局体现了智慧城市的商业和战略价值。中国的城市数量众多，流量巨大，移动互联网与新的商业模式的结合使中国的智慧城市市场空间远超其他国家，有可能成为下一阶段科技创新领域发展的重要着力点。

1.3.2.2　智慧城市发展现状

作为一种具有公共性的系统工程，智慧城市的落地离不开地方政府的引导和推动，因此各地方政府的智慧城市建设项目数量，可以成为衡量行业繁荣程度的重要指标。从政府公开信息来看，在 2013—2018 年的 7 年间，由各地方政府委托的智慧城市项目的中标数量从 12 个激增到 162 个，年复合增长率超过 45%。其中沿海发达地区的智慧城市项目显著多于其他地区，从地域范围来看，华东、华北、华中南地区的项目数量占全国总量的近 70%，是智慧城市建设的集中区域（见图 1－3）。

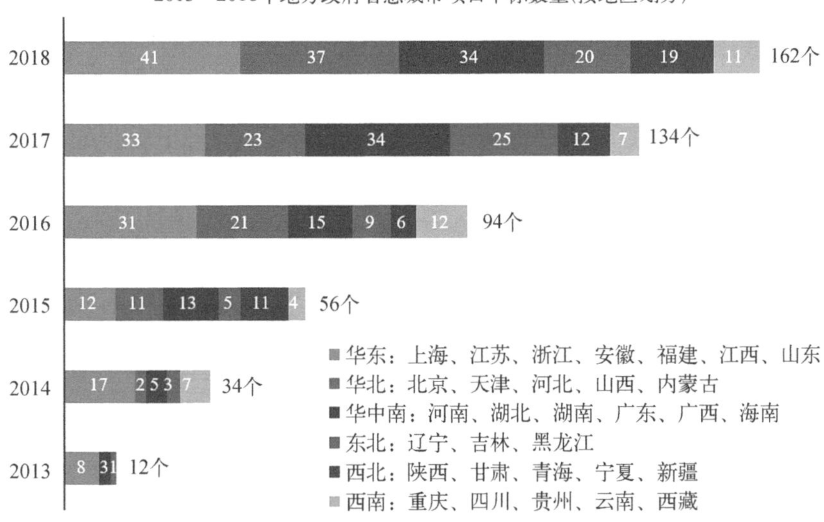

图 1－3　2013—2018 年地方政府智慧城市项目中标数量统计图

从类型来看，智慧城市相关的顶层规划和设计仍然是数量最多的地方政府委托项目，说明大量地区的智慧城市发展尚处在早期谋划阶段；城市运营管理、政府政务、城市大数据、交通出行、城市应急相关的项目增长迅速，在2014—2018年期间年均复合增长率均超过40%；智慧市政、城市安防等领域也有较大需求，但项目数量增速放缓，表现出市场趋于成熟的特征（见图1-4）。

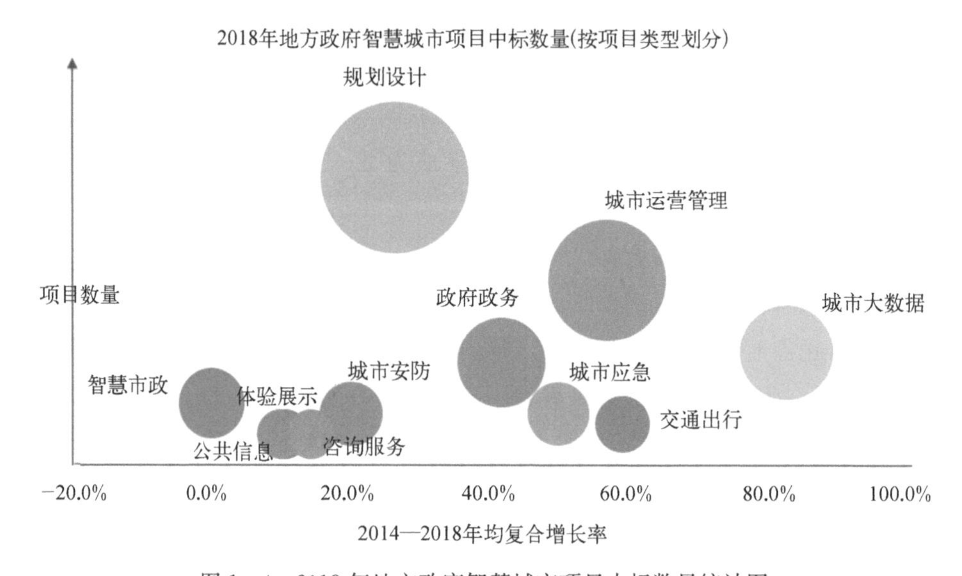

图1-4　2018年地方政府智慧城市项目中标数量统计图

智慧城市建设具有系统性和复杂性，因此地方政府对智慧城市建设方面的服务需求，除规划咨询服务外，还包括平台建设、系统集成、运营维护、软件开发等各方面内容，并有可能涉及购买服务、PPP等非一次性建设交付的服务形式，越来越多的智慧城市服务难以被归入单一类别，呈现出较强的非标准化特征。

由于智慧城市建设涉及的领域众多、系统复杂度较高，需要统筹规划和多方协调才能完成，越来越多的城市和企业采取战略合作的方式推进智慧城市的落地。与提供解决方案和采购单一项目的方式相比，战略合作涉及的城市需求方和企业服务方的层级较高，双方能够整合的资源较多，在建设内容上具有较大的灵活度和持久性，是地方政府与大型厂商进行长期合作的较好选择。

在国家战略引导和地方积极实践的共同作用下，中国的智慧城市建设规模不断扩大，智慧城市的发展理念获得广泛共识。然而各地的智慧城市发展水平和能力不一，智慧城市实际效益不大、发展碎片化、可持续运营能力不强等问题普遍存在，总体仍处在较为初级的发展阶段。在爆发式的增长之后，越来越多的城市能够以理性的态度看待智慧城市，关注智慧发展为城市带来的实质收益与成本，回归城市发展的本质。

1.3.3　智慧城市建设面临的机遇与挑战

1.3.3.1　智慧城市建设面临的机遇

（1）高科技兴起与城镇化结合的机遇。我国目前恰好处于城镇化快速推进阶段，新一代网络信息技术的崛起，使我们有可能走新型城镇化道路，建设绿色智慧城市，推动绿色智慧建筑和基础设施建设，发展智慧公共服务和智慧产业，实现绿色智慧发展。

（2）智慧驱动城市发展与转型升级同步的机遇。伴随人民生活水平的提升，更加安全、宜居、便捷的城市生活成为人们的新追求。现阶段，我国正处于全面建成小康社会和迈向现代化的关键时期，人们的需求正在由以“衣食用住行”的物质硬消费为主，转向以“学文娱游康”的精神软消费为主，由以注重商品的“数量消费”为主，转向以注重商品的“质量消费”为主。

人工智能、5G、云计算、物联网、区块链等新技术的落地应用，智慧城市建设在创新协同、为民服务、数据共享、产业赋能、安全保障、绿色低碳等方面都涌现了新的机遇和挑战。[①] 以智慧化解决城市问题、提升城市服务是大势所趋。数字经济催生的智能时代正在走来，“智能＋”作为新一轮产业革命的核心驱动力，将带来新的技术、产品、业态和模式，从而引发数字资源的重大重构和经济结构的重大变革。

自 5G 牌照落地，北京、成都、深圳等地相继发布 5G 行动计划或规划方案，各级地方政府也将打造智慧城市标杆应用作为重要工作内容纳入工作目标，今年初印发的《北京市 5G 产业发展行动方案（2019—2022 年）》中，北京明确将智慧城市纳入率先开展的 5 个 5G 典型场景示范应用之一，并提出，要将 5G 技术在智慧社区、智慧家庭等领域广泛应用。作为三大运营商首批试点城市，2019 年 7 月，上海市政府印发了《上海市人民政府关于加快推进本市 5G 网络建设和应用的实施意见》。据报道，上海已与中国联通、中国电信开发多个 5G 智慧城市、智慧社区的落地项目。因此，“采用新技术，打造新

① 资料来源：国家工业信息安全发展研究中心、中国产业互联网发展联盟、工业大数据分析与集成应用工信部重点实验室、人民网财经研究院、联想集团共同编制的.依托智慧服务 共创新型智慧城市——2022 智慧城市白皮书[S].

平台、丰富新应用、构建新生态”成为新型智慧城市的发展方向，融合 5G＋AICDE 能力，开展商业模式创新、价值创造，构建可持续、共赢、可信的生态系统。

城市垂直应用总体市场潜力巨大，就全球来看，在收入贡献最大的有四大垂直行业——能源、楼宇自动化、交通运输与物流及金融服务。随着人们对网络连接、数据传输速率、带宽等需求的增长，通信运营商作为智慧城市信息通信基础设施的提供者，以及智慧城市关键应用服务的提供商，已经融入智慧城市建设的各个方面，表 1－1 为通信运营商在通信资产、基础设施、平台建设和垂直行业建设四个方面的能力。

表 1－1　通信运营商的四个方面能力

类别	通信资产	基础设施	平台建设	垂直行业建设
能力	公共设施电信网络服务，包括新建、改造、扩建、网络安全等	物联网设备、数据中心的服务和运营等	为第三方产品开发和管理提供平台	总体智慧建设规划、重点领域行动计划、开发和提供横向产品及服务

1.3.3.2　智慧城市建设面临的挑战

(1) 重视概念炒作，轻视理念更新。尽管智慧城市概念被社会各界关注，各地政府工作报告中几乎都能见到建设智慧城市的提法，但其中关于智慧城市建设的理念陈旧、内涵模糊，甚至把智慧城市建设等同于城市信息化。

(2) 重视硬件投入，轻视应用开发。各地通常将智慧城市建设等同于建网络、装探头，或者热衷于建云存储和云计算中心。对如何有步骤地推进应用软件开发则重视不够、投入不足。

(3) 重视数据采集，轻视平台建设。体制机制不够完善，缺乏智慧城市建设的统筹协调。城市各个部门往往各自为政，数据共享平台建设举步维艰，信息孤岛问题仍广泛存在。城市管理机构之间数据、应用、权责缺乏有效整理融合，信息互联互通、数据共享受阻。

(4) 重视技术研发，轻视人文内涵。市民获得感、用户体验感不强，强调信息化和平台建设，但在应用层面缺乏创新，并未站在智慧城市应用使用者的角度来优化应用体验，市民难以感受到智慧城市建设成果。智慧城市离不开新一代网络信息技术支撑，在建设的初级阶段，网络基础设施建设必须先行。然而，智慧城市的本质是人类智慧驱动城市发展。如果离开艺术和人文社会科学的内涵，单纯走技术至上的路线，必将舍本逐末。

(5) 重视政府主导，轻视市场力量。可持续运营模式仍需探索，政府资金投入压力大，市场引入机制不完善。智慧城市建设是庞大的系统工程，具有提供公共物品和提供私人物品的双重属性。在建设初期，政府引导十分必要，但政府不可能始终大包大揽。要根据建设项目属性实行多元化融资、多元化主体参与。政府应负责顶层设计、规则制定和非市场领域的项目建设，盈利项目可由企业参与建设，采取社会投资等模式，确保智慧城市建设的可持续性。

(6) 重视项目建设，轻视顶层设计。各地智慧城市建设往往缺少顶层设计，缺乏统一的标准规范，标准不统一，热衷于单个项目建设，导致项目之间缺乏有机联系，对接不易，造成重复建设，并且容易导致资源浪费、支撑不够，对信息安全、网络安全的管理缺乏统一要求，风险隐患较大，违背了智慧城市的有机性规律，出现碎片化倾向，降低了智慧城市建设的效率和效益。

1.3.3.3　疫情加速数字技术革新

1) 5G商用加速推进

重大公共安全事件的出现，带来信息超大规模流动，也带来许多前所未有的需求，呼唤更大容量、更快速度的信道，为应对事态发展、打赢抗“疫”之战，提供更加安全、更加高效的信息服务。5G应用场景一下子变得更加清晰和更加可行，远程医疗、远程教育与远程办公等需求强盛且紧迫，5G加快落地已成紧要任务。反过来，随着5G的加速建设，远程医疗、远程教育与远程办公等应用将迅速普及，视频社交、视频办公等成为主流网络应用。

2) ADCDEI数字技术进入大规模应用阶段

此次抗击疫情，数字技术大放异彩，成为战胜病魔的“新式武器”。可以预计，经过实战检验的人工智能AI、区块链Blockchain、云计算Cloud、大数据Data、边缘计算Edge computing、物联网IOT等数字技术(简称“ABCDEI数字技术”)，将在经济社会发展主战场加速应用实施。各种应用场景层出不穷，大数据、人工智能、边缘计算将在生产生活中大量应用；云服务无处不在；机器人加快在繁重、危险的岗位上替代人类的步伐；AR、VR场景更加丰富、虚拟与现实深度耦合；无人机、无人驾驶汽车等在日常生产和生活中大量出现。所谓“产业互联网”，其实就是“产业数字化”和“数字产业化”，此次疫情结束后，我国产业互联网将加速推进。

3)“数字鸿沟”有望加速填平

随着约3亿左右人口陆续上网，我国互联网普及率(现在为61.2%)将进一步拉升，逐步接近美日韩及欧洲互联网发达国家的水平(80%左右)。农民、农业、农村网络服务需求日益旺盛，我国互联网市场空前扩大，互联网全面“下沉”成为趋势。网络视频步入发展黄金时期，在抗击疫情的进程中，网络视频不仅陪伴人们打发隔离期间的“无聊时光”，更是在信息发布、知识科普等方面发挥作用。短视频在平台盘整之后获得新的动力，发展空间明显进一步扩大。随着更多机构和专业人士进入，短视频制作水准提升，内容更加丰富多样、喜闻乐见。高质量的长视频崛起势头明显，内容付费被广泛接受，大量自制优质“网播剧”赢得更多观众和收益，传统电视台最后一块地盘被进一步侵蚀，短视频和长视频两翼齐飞，成为网络主流应用。网络音频平台稳步扩张，成为人们学习、娱乐新助手。家庭电视大屏互联网化、数字化进程加速，向家庭娱乐中心发展，从“看电视”过渡到“玩电视”。

4)电子商务整体升级换代

崛起于2003年“非典”的电子商务，在此次抗击疫情中寻找到新的突破空间。大规模的国内外运营能力，和可以遍布境内每条大街小巷的渗透力，使中国的电子商务接近无处不在和无时不在，成为中国老百姓无论遇到怎样的紧急状况都可以依赖的生存生活伙伴，成为政府部门可以依靠的高效的配送、物流平台。基于算法，电商平台“比用户更了解用户自己”，服务更加精准贴心。网络购物跨平台导航资讯入口出现，网络视频购物兴起，直播带货方兴未艾，社交电商占领朋友圈，线下实体店生存空间进一步压缩。数字技术提升电商物流的效率和安全性，“智慧物流”建设全面铺开。

5)远程办公和医疗迎来新机遇

疫情让人们隔离，而工作不能停止。腾讯公司的“企业微信”、阿里巴巴的“钉钉”以及字节跳动公司的“飞书”等应用，均发力抢占地盘，具有新型数字技术的创新企业也可能成为“黑马”，市场竞争趋于激烈。远程协同办公软件迅速高清视频化、移动化，办公变得随时、随地。

一场大的疫情，更像是一次全民医疗健康公开课。疫情过后，全社会健康意识普遍提升。随着经济发展和生活水平提高，健康的概念从体魄健壮向心理强大延伸、从健身养身向修身养性延伸，身心健康成为高质量生活的追求。医疗、健康、健身、养身、保健、教育、培训等领域网络应用市场陡然放大。

6）数字技术革新社会治理

数字技术在我国第一次较大范围用于应对公共卫生安全危机事件，作用明显，令人刮目相看。疫情过后，“数字政府”“智慧城市”的建设将“去虚向实”“由点带面”，深入社会治理和服务方方面面。政府将更加自觉、更加主动地拥抱数字技术，数字技术将不仅视为拉动经济发展的新动能，更会作为推进社会治理的主要支撑来部署和建设。而且在应对重大自然灾害与重大公共安全事件方面，数字技术将发挥更大的价值。

第2章 长三角区域城市特点及需求分析

长三角地区经济发达、地域相近、人缘相亲、文化相通，发展一体化的呼声和行动由来已久。2018年11月，在首届中国国际进口博览会开幕式上，国家领导人在主旨演讲中宣布支持长江三角洲区域一体化发展并上升为国家战略。长三角地区一体化发展迈入崭新阶段。2019年12月1日，中共中央、国务院印发《长江三角洲区域一体化发展规划纲要》提出，实施长三角一体化发展战略是引领全国高质量发展、完善我国改革开放空间布局、打造我国发展强劲活跃增长极的重大战略举措。

2.1 长三角区域城市特点

2.1.1 长三角一体化政策环境

2019年12月1日，中共中央、国务院印发的《长江三角洲区域一体化发展规划纲要》（以下简称《规划纲要》），是指导长三角地区当前和今后一个时期一体化发展的纲领性文件。《规划纲要》分析了长三角一体化发展的基础条件和机遇挑战，明确了“一极三区一高地”的战略定位，按照2025年和2035年两个时间节点设置了分阶段目标，部署了9个方面任务，并对推进规划实施做出安排部署。《规划纲要》的第一个特点是紧扣“一体化”和“高质量”两个关键，明确要求长三角地区率先实现质量变革、效率变革、动力变革，通过深入推进区域一体化推动高质量发展、通过高质量发展促进更深层次一体化，努力形成高质量发展的区域集群，在全国发展版图上不断增添高质量发展板块。第二个特点是明确了“分区域”和“分领域”两条推进路径。分区域看，《规划纲要》提出要按照以点带面、依次推进的原则和由小到大的范围，以新片区拓展功能、示范区先行探索、中心区率先复制、全域集成推进作为一体化发展的空间布局，更加有效地推进一体化发展。分领域看,《规划纲要》提出要按照分类指导的原则,对跨省重大基础设施建设、环境保护、区域协同创新等已经具备条件的领域,明确提出加快一体化发展的要求;对营商环境创建、市场联动监管、公共服务等一定程度上具备条件的领域,重点是建立健全相关体制机制,逐步提高一体化发展水平;对尚不具备条件的领域,强调融合、联动、协调,提出了一体化发展方向。第三个特点是突出“示范区”和“新片区”两个重点区域引领带动作用。长三角生态绿色一体化发展示范区、上海自由贸易试验区新片区的建设方案已经公布实施。示范区率先探索将生态优势转化为经济社会发展优势、从项目协同走向区域一体化制度创新,示范引领长三角一体化发展。新片区以投资自由、贸易自由、资金自由、运输自由、人员从业自由等为重点,打造与国际通行规则相衔接、更具国际市场影响力和竞争力的特殊经济功能区,引领长三角新一轮改革开放。

《关于支持长三角生态绿色一体化发展示范区高质量发展的若干政策措施》(以下简称《支持政策》)于 2022 年 7 月 1 日由上海市政府、江苏省政府、浙江省政府联合出台。建设一体化示范区,是推动长三角一体化发展的重要抓手和突破口,中央对长三角总的战略定位是“一极、三区、一高地”,一体化示范区要成为“极中之极”“高地中的高峰”,在推动高质量发展上走在前列,在贯彻新发展理念上当好标杆。《长三角生态绿色一体化发展示范区总体方案》对一体化示范区的总体要求、目标定位和主要任务做了具体规定,要求两省一市在推进一体化示范区建设中承担主体作用,在改革集成、资金投入、项目安排、资源配置等方面形成政策合力。

一体化示范区在“资金池、指标库、审批权”等方面有着较大的政策需求。《支持政策》从实际出发,针对提出的现实需求问题,在两省一市政府事权范围内进行制度设计,谋划制度供给,尽可能为一体化示范区建设提供更为有力的制度保障。《支持政策》聚焦规划管理、生态保护、土地管理、项目管理、要素流动、财税分享、公共服务和公共信用等重点领域,通过赋能赋权,鼓励大胆试、大胆闯、自主改,加快推进一体化制度创新和重大改革集成,实现共商、共建、共管、共享、共赢,打造服务引领长三角更高质量一体化发展的重要引擎。

2.1.2　长三角一体化公共环境

2.1.2.1　交通环境

2000 年以来,长三角地区枢纽型机场、枢纽型港口、高铁网络和高速公路网络等区域性快速交通骨干网络已基本形成。铁路交通网密度的变异系数总体呈现下降趋势，网络化的交通运输体系不断健全。

1）以轨道交通为骨干构建一体化设施网络

以轨道交通为骨干，公路网络为基础，水运、民航为支撑，以上海、南京、杭州、合肥、苏锡常、宁波等为主要节点，构建对外高效联通、内部有机衔接的多层次综合交通网络。

第一层，正在打造多向立体、内联外通的大能力快速运输通道，统筹优化干线铁路、高速公路、长江黄金水道等内河航道、港口、机场布局，实现与国际、国内其他经济板块高效联通。

第二层，正在构建快捷高效的城际交通网，依托快速运输通道，以城际铁路、高速公路、普通国省道等为重点，实现区域内部城际快速直连。

第三层，正在建设一体衔接的都市圈通勤交通网，围绕上海大都市圈和南京、杭州、合肥、苏锡常、宁波都市圈，以城际铁路、市域（郊）铁路、城市轨道交通、城市快速路等为骨干，打造都市圈1小时通勤圈。

2）建设世界级机场群和港口群

为主动适应新一轮国际经贸格局调整和全球产业链分工，强化国际枢纽机场与周边干线、支线机场协调联动，优化提升港口国际供应链位势和价值链协作水平，正在打造具有国际竞争力的世界级机场群和港口群。

2.1.2.2　公共服务环境

长三角地区教育、医疗卫生的内部差异逐渐趋于收敛，区内差异缓慢缩小。长三角一体化，是要实现各类资源在区域内的有序流动。医疗方面，截至2020年10月，区域性异地门诊费用直接结算已覆盖长三角41个地级市和5 800多家定点医疗机构，累计结算100多万人次。养老方面，2020年10月，上海市养老服务行业协会、上海长三角区域养老服务促进中心在上海联合发布首批长三角异地养老机构名单，涵盖沪、苏、浙、皖三省一市20个城市的57家养老机构，核定床位共计2.5万多张。其中，苏州7家养老机构入选，分布在吴江、张家港、常熟、太仓等地，占江苏省入选机构总数的43%，将进一步满足长三角地区老年群体多元化的养老需求，推进区域整体养老服务质量的提升。同年8月，沪苏浙皖四地公积金管理部门联合发布长三角公积金异地贷款缴存使用证明项目和长三角购房提取异常警示项目等，推动长三角住房公积金一体化加速落地。

2.1.2.3　产业环境

《长三角地区高质量一体化发展水平研究报告（2018）》的数据显示，从2018年三次产业结构数据来看，长三角地区间产业结构存在明显的梯度差异。上海市第三产业比重较第二产业高 40 多个百分点，服务经济主导型的“三二一”型产业结构特征明显；江苏省和浙江省第三产业比重略高于第二产业，呈现服务业和工业基本并重的“三二一”型产业结构；安徽省第二产业比重略高于第三产业，形成“二三一”型产业结构，工业依然是拉动经济增长的主要部门。由此可见，长三角地区产业发展具有较好的梯度差异性和时序衔接性，有利于产业一体化发展。

2010 年以来，长三角地区克鲁格曼专业化指数缓慢提升，产业结构层次上的差异开始逐渐显现，地区间产业结构专业化分工趋于合理，产业一体化发展取得了一定成效。但长三角地区克鲁格曼专业化指数基本保持在 0.2 左右，仍然偏低，地区间专业化分工水平不高。

从结构相似性系数来看，上海与长三角其他省份之间的结构相似性系数相对较低，江苏、浙江与安徽三省之间的结构相似性系数均相对较高，即江浙皖同构现象较为严重，长三角地区尚未充分发挥整体联动效应，生产力布局出现重复性，产业结构趋同化依然比较突出。

结合制造行业区位商指数，上海、江苏与浙江区位商大于 1 的行业主要集中于中高端制造业，安徽区位商大于 1 的行业主要集中于中低端制造业。可见，长三角地区产业布局各有优势，存在着一定的互补性。

2.1.2.4　贸易环境

从省际贸易依存度来看，长三角地区三省一市中，上海和浙江的省际贸易依存度明显高于江苏和安徽。除上海市外，江苏、浙江和安徽货物内部发送量占较大比重。

长三角地区外贸依存度的区内差异较高，应注重建立以自己为主的价值链分工体系，合理分布于价值链的不同环节，共同参与全球竞争。

长三角外资依存度的区内差异较低，即外商直接投资的地区分布相对平衡。这既说明各地投资环境差异趋于缩小，也说明政府在利用税收优惠、土地或产业补贴等政策手段进行招商引资中趋于基本一致。

2.2　长三角一体化发展规划

2.2.1　基本原则

（1）坚持创新共建。推动科技创新与产业发展深度融合，促进人才流动和科研资源共享，整合区域创新资源，联合开展卡脖子关键核心技术攻关，打造区域创新共同体，共同完善技术创新链，形成区域联动、分工协作、协同推进的技术创新体系。

(2) 坚持协调共进。着眼于一盘棋整体谋划，进一步发挥上海龙头带动作用，苏浙皖各扬所长，推动城乡区域融合发展和跨界区域合作，提升区域整体竞争力，形成分工合理、优势互补、各具特色的协调发展格局。

(3) 坚持绿色共保。践行绿水青山就是金山银山的理念，贯彻山水林田湖草是生命共同体的思想，推进生态环境共保联治，形成绿色低碳的生产生活方式，共同打造绿色发展底色，探索经济发展和生态环境保护相辅相成、相得益彰的新路子。

(4) 坚持开放共赢。打造高水平开放平台，对接国际通行的投资贸易规则，放大改革创新叠加效应，培育国际合作和竞争新优势，营造市场统一开放、规则标准互认、要素自由流动的发展环境，构建互惠互利、求同存异、合作共赢的开放发展新体制。

(5) 坚持民生共享。增加优质公共服务供给，扩大配置范围，不断保障和改善民生，使改革发展成果更加普惠便利，让长三角居民在一体化发展中有更多获得感、幸福感、安全感，促进人的全面发展和人民共同富裕。

2.2.2 战略定位

(1) 全国发展强劲活跃增长极。加强创新策源能力建设，构建现代化经济体系，提高资源集约节约利用水平和整体经济效率，提升参与全球资源配置和竞争的能力，增强对全国经济发展的影响力和带动力，持续提高对全国经济增长的贡献率。

(2) 全国高质量发展样板区。坚定不移贯彻新发展理念，提升科技创新和产业融合发展能力，提高城乡区域协调发展水平，打造和谐共生绿色发展样板，形成协同开放发展新格局，开创普惠便利共享发展新局面，率先实现质量变革、效率变革、动力变革，在全国发展版图上不断增添高质量发展板块。

(3) 率先基本实现现代化引领区。着眼基本实现现代化，进一步增强经济实力、科技实力，在创新型国家建设中发挥重要作用，大力推动法治社会、法治政府建设，加强和创新社会治理，培育和践行社会主义核心价值观，弘扬中华文化，显著提升人民群众生活水平，走在全国现代化建设前列。

(4) 区域一体化发展示范区。深化跨区域合作，形成一体化发展市场体系，率先实现基础设施互联互通、科创产业深度融合、生态环境共保联治、公共服务普惠共享，推动区域一体化发展从项目协同走向区域一体化制度创新，为全国其他区域一体化发展提供示范。

(5) 新时代改革开放新高地。坚决破除条条框框、思维定式束缚，推进更高起点的深化改革和更高层次的对外开放，加快各类改革试点举措集中落实、率先突破和系统集成，以更大力度推进全方位开放，打造新时代改革开放新高地。

2.2.3　发展目标

到 2025 年，长三角一体化发展取得实质性进展。跨界区域、城市乡村等区域板块一体化发展达到较高水平，在科创产业、基础设施、生态环境、公共服务等领域基本实现一体化发展，全面建立一体化发展的体制机制。

城乡区域协调发展格局基本形成。上海服务功能进一步提升，苏浙皖比较优势充分发挥。城市群同城化水平进一步提高，各城市群之间高效联动。省际毗邻地区和跨界区域一体化发展探索形成经验制度。城乡融合、乡村振兴取得显著成效。到 2025 年，中心区城乡居民收入差距控制在 2.2∶1 以内，中心区人均 GDP 与全域人均 GDP 差距缩小到 1.2∶1，常住人口城镇化率达到 70%。

科创产业融合发展体系基本建立。区域协同创新体系基本形成，成为全国重要创新策源地。优势产业领域竞争力进一步增强，形成若干世界级产业集群。创新链与产业链深度融合，产业迈向中高端。到 2025 年，研发投入强度达到 3%以上，科技进步贡献率达到 65%，高技术产业产值占规模以上工业总产值比重达到 18%。

基础设施互联互通基本实现。轨道上的长三角基本建成，省际公路通达能力进一步提升，世界级机场群体系基本形成，港口群联动协作成效显著。能源安全供应和互济互保能力明显提高，新一代信息设施率先布局成网，安全可控的水网工程体系基本建成，重要江河骨干堤防全面达标。到 2025 年，铁路网密度达到 507 千米/万平方千米，高速公路密度达到 5 千米/百平方千米，5G 网络覆盖率达到 80%。

生态环境共保联治能力显著提升。跨区域跨流域生态网络基本形成，优质生态产品供给能力不断提升。环境污染联防联治机制有效运行，区域突出环境问题得到有效治理。生态环境协同监管体系基本建立，区域生态补偿机制更加完善，生态环境质量总体改善。到 2025 年，细颗粒物(PM2.5)平均浓度总体达标，地级及以上城市空气质量优良天数比率达到 80%以上，跨界河流断面水质达标率达到 80%，单位 GDP 能耗较 2017 年下降 10%。

公共服务便利共享水平明显提高。基本公共服务标准体系基本建立，率先实现基本公共服务均等化。全面提升非基本公共服务供给能力和供给质量，人民群众美好生活需要基本满足。到2025年，人均公共财政支出达到2.1万元，劳动年龄人口平均受教育年限达到11.5年，人均期望寿命达到79岁。

一体化体制机制更加有效。资源要素有序自由流动，统一开放的市场体系基本建立。行政壁垒逐步消除，一体化制度体系更加健全。与国际接轨的通行规则基本建立，协同开放达到更高水平。制度性交易成本明显降低，营商环境显著改善。

到2035年，长三角一体化发展达到较高水平。现代化经济体系基本建成，城乡区域差距明显缩小，公共服务水平趋于均衡，基础设施互联互通全面实现，人民基本生活保障水平大体相当，一体化发展体制更加完善，整体达到全国领先水平，成为最具影响力和带动力的强劲活跃增长极。

2.2.4 规划特点

发挥上海龙头带动作用，苏浙皖各扬所长，加强跨区域协调互动，提升都市圈一体化水平，推动城乡融合发展，构建区域联动协作、城乡融合发展、优势充分发挥的协调发展新格局。

深入实施创新驱动发展战略，走“科创＋产业”道路，促进创新链与产业链深度融合，以科创中心建设为引领，打造产业升级版和实体经济发展高地，不断提升在全球价值链中的位势，为高质量一体化发展注入强劲动能。

坚持优化提升、适度超前的原则，统筹推进跨区域基础设施建设，形成互联互通、分工合作、管理协同的基础设施体系，增强一体化发展的支撑保障。

坚持生态保护优先，把保护和修复生态环境摆在重要位置，加强生态空间共保，推动环境协同治理，夯实绿色发展生态本底，努力建设绿色美丽长三角。

坚持以人民为中心，加强政策协同，提升公共服务水平，促进社会公平正义，不断满足人民群众日益增长的美好生活需要，使一体化发展成果更多更公平惠及全体人民。

以“一带一路”建设为统领，在更高层次、更宽领域，以更大力度协同推进对外开放，深化开放合作，优化营商环境，构建开放型经济新体制，不断增强国际竞争合作新优势。

坚持全面深化改革，坚决破除制约一体化发展的行政壁垒和体制机制障碍，建立统一规范的制度体系，形成要素自由流动的统一开放市场，为更高质量一体化发展提供强劲内生动力。

加快长三角生态绿色一体化发展示范区建设，在严格保护生态环境的前提下，率先探索将生态优势转化为经济社会发展优势、从项目协同走向区域一体化制度创新，打破行政边界，不改变现行的行政隶属关系，实现共商共建共管共享共赢，为长三角生态绿色一体化发展探索路径和提供示范。

加快中国（上海）自由贸易试验区新片区建设，以投资自由、贸易自由、资金自由、运输自由、人员从业自由等为重点，推进投资贸易自由化便利化，打造与国际通行规则相衔接、更具国际市场影响力和竞争力的特殊经济功能区。

加强党对长三角一体化发展的领导，明确各级党委和政府职责，建立健全实施保障机制，确保规划纲要主要目标和任务顺利实现。

2.3　长三角一体化下新型智慧城市建设需求分析

智慧城市建设需求可以从以下四个方面进行分析：基础设施建设需求、民生服务建设需求、城市治理建设需求和产业体系建设需求。

2.3.1　电子政务建设需求

1）区域统一的数据处理与共享

完善城市信息基础设施，建设智慧城市核心设施（城市大脑），实现区域数据的高度共享，构建统一的智慧城市信息安全体系，推进区域大数据的创新应用和决策支撑。建设数据共享服务平台，开发封装城市级数据接口服务和转发封装区域级数据接口服务，为数据服务提供统一、高效的支撑。力求通过构建长三角一体化政务服务体系，实现长三角跨区域“一网通办、异地可办、就近办理”，加强区域间政务信息和数据的互联互通，实现数据多跑路群众少跑腿。同时，也实现数据接口服务的统一管理和监控。基于中心数据库，支撑数据的共享，运用数据接口服务，建设政务数据共享查询平台，针对办事所需材料进行材料查询项配置，通过办事材料的共享查询，实现群众办事材料数据的共享，减去各类材料证明的提交。

2）电子政务集约化管理

在省级层面，打破分散管理重复建设模式，推进电子政务基础设施集约化管理，高一格快一步深一层建设标准化、层次化、支撑强的统一政务云平台，加快部门业务系统向云平台迁移，提升资源利用率。实现党政机关、事业单位互联互通，覆盖镇街、村（居委会），加快撤并部门专网，打破信息孤岛，推进数据共享、业务协同，为智慧城市、“最多跑一次”改革等工作提供有力支撑。

物联网实现各类智能感知设备、视频监控等互联互通，推动智能交互与数据资源共享，为“智慧城市”体系建设提供大连接、大流量支撑。

3) 加快政务一体化试点推进工作

目前，长三角政务一体化仍处于试点阶段，2019 年 4 月 2 日，上海徐汇区、青浦区、浙江嘉善县、南湖区、江苏吴江区五区县政务服务系统在吴江区开展政务服务一体化研讨会。会议经商讨，明确如下主要工作任务：

(1) 统一事项审批标准。从企业和群众办事实际需求出发，针对高频办理事项，推进行政审批标准化。

(2) 建立动态清单调整机制。建立标准化审批事项清单的动态调整机制，动态调整事项在各地政务服务平台上公开。

(3) 实现异地自助机服务办理。畅通五方自助机互通办理渠道，强化异地办理的“自助申报”“证明打印”等功能，方便有需求的群众和企业“自助办”。率先开设长三角“一网通办”专窗，开展业务指导和材料受理。

(4) 推动区域电子证照共享和互认。依托国家政务服务平台，逐步推动地区间电子证照相互认证，为“一网通办”奠定基础。

(5) 开展“套餐式”服务探索。优选五方高频办理事项，开展“套餐式”服务制作，打造五方服务特色品牌。

2.3.2 民生服务建设需求

1) 智慧便捷的民生服务

智慧城市建设的核心理念就是“以人为本”，紧紧围绕信息技术服务经济发展、服务民生等核心内容，加强统筹安排、合理布局、基础先行，加快推进信息消费、信息惠民等工程。快速构建创新应用，提升民生服务水平，最大限度地为城市中的居民提供医、食、住、行、游、教等方面全面细致的服务，使城市居民都享受到安全、高效、便捷、绿色的城市生活。具体来说，包括智慧医疗、智慧农业、智慧社区、智慧交通、智慧旅游等应用系统的建设，以最终实现全面的智慧民生服务，让群众共享“智慧城市”建设发展的成果。

2) 开放包容的生活环境

智慧城市的应用必须在推动基础性应用的同时，充分重视能源节约、绿色环保的技术，并致力于推动新技术的应用与产业发展，构建统一的生态感知体系，强化生态环境的监控和保护，深化信息化在绿色节能环保领域的应用。通过这些应用的建设将使得城市变得更加节能、低碳，环境更加优美，对外来人员更加包容，使得城市治理能力的现代化水平不断提升，实现城市可持续发展的新路径、新模式、新形态，提升人民群众幸福感和满意度，为居民打造开放包容的社会生活环境。

3）民生服务一体化

针对长三角一体化发展实际，积极探索跨省域治理、跨市域（城市群）治理等基层治理体制机制与实现路径。“尤其是要总结抗击疫情经验，充分利用长三角合作机制，建立完善公共卫生等重大突发事件应急治理体系，补齐城乡基层治理短板，提高防御风险能力。”

加速推进民生服务区域一体化，要统筹制定民生服务清单，规范民生服务的内容和标准，打造一体化智能化服务平台，推动跨省合作从“联区域”向“接平台”转变，推动养老、托幼、社保、就业、救助等民生服务互联互通，努力实现跨省民生服务项目“只需跑一次、无须开证明”和“一号申请、一表登记、一书授权、一门受理、一网办理”。探索建立解决相对贫困的长效机制，探索开展跨省办理婚姻登记等，增强群众的获得感、幸福感。

2.3.3　城市治理建设需求

1）精细化、可视化运营

实现城市管理业务系统深度整合，城市管理业务协同水平大幅提升，信息资源整合共享，城市治理更加高效化，城市管理可视化、精细化和智能化，城市综合治理能力明显增强。依据资源和环境、经济和社会形态、技术和产业基础，建立维护智慧城市良性运行的组织机构和标准体系，确立符合城市特点的智慧城市建设机制和可视化运营模式，保证智慧城市可持续发展。

充分利用互联网、物联网、大数据和云计算等技术，实现万物感知、万物互联，统筹推进，注重实效，分级别、分类型建设新型智慧城市。将数据进行汇集，形成大数据辅助决策的城市治理新方式，通过多维度可视化展示，实现城市管理“一舱全览”，推动政府行政效能和城市管理水平大幅提升。

2）数字化、精准化治理

随着数字治理时代到来，政府整体智慧治理和数字化转型加快推进，基层治理正加速从传统型向智慧型转变，从经验判断型向数据分析型转变。建立“三省一市”基层治理数据共享机制，实现基层治理与基础数据库智慧治理平台对接，集中“长三角”集体智慧，加快大数据、云计算、AI技术和区块链技术与基层治理的有机融合，积极探索计算机精确识别、自动预警、辅助决策等智慧治理模式。

2.3.4 产业体系建设需求

1）区域一体化产业布局

引导一体化区域内的产业进行重新布局。中心区重点布局总部经济、研发设计、高端制造、销售等高附加值、高技术的产业，主要发展创新经济、服务经济、绿色经济；苏北、浙西南、皖北和皖西等地承接产业转移，重点发展现代农业、文化旅游、大健康、医药产业、农产品加工等特色产业及配套产业。

2）“产业链”和“创新链”深度融合发展。

积极培育新业态新技术新模式。推动互联网新技术与产业融合，发展平台经济、共享经济、体验经济，加快形成经济发展新动能；加强新技术研发应用，支持龙头企业联合科研机构建立新型研发平台，鼓励有条件的城市开展新一代人工智能应用示范和创新发展。依托创新链提升产业链，围绕产业链优化创新链，促进产业链与创新链精准对接；聚焦关键共性技术、前沿引领技术、应用型技术，建立政学产研多方参与机制，形成基础研究、技术开发、成果转化和产业创新全流程创新产业链。

3）推动产业数字化升级

推动产业升级数字化，驱动产业供给侧创新升级，夯实商贸内在动力。加快5G+工业互联网产业融合创新发展，打造数字经济高地，通过智慧化的技术手段，推动智慧产业发展，为产业发展提供服务支持。依据产业特点，大力推进产业数字集聚化，企业数字化、集团化、规模化、延展化发展；面向创新综合体、专业楼宇、特色小镇等产业创新载体，提供共性技术、贸易金融、知识产权、法规标准、人才培训等保障服务，面向企业支持利用互联网创新电子商务与制造业的集成应用，提高企业运营管理和决策水平，加快提升经济发展智能化水平、互联网应用水平，打造出集约高效的产业体系。

第3章　新型智慧城市调研方案

在全国智慧城市建设的大趋势下，经济转型、产业升级对城市智能化管理的发展提出了更高的要求，为加强对全区智慧城市建设工作的规划引领，积极推动智慧城市建设工作，按照国家发展和改革委员会办公厅、中央网信办秘书局、国家标准化管理委员会办公室《关于组织开展新型智慧城市评价工作务实推动新型智慧城市健康快速发展的通知》(发改办高技〔2016〕2476号)对国家新型智慧城市的要求[《新型智慧城市评价指标(2016年)》]，及市政府对经济社会发展的总体部署的要求，我们首先需要进行调研，摸清现状和存在问题，以及相应的需求。

3.1　调研目的

以建设新型智慧城市、数据集中和共享为途径，推进技术融合、业务融合、数据融合，实现跨层级、跨区域、跨部门、跨业务的协同管理和服务。突出提升智能，推动集约、低碳、绿色，加强体制创新等重点内容，围绕贯彻落实国家关于智慧城市建设的要求，紧紧把握加强城市规划、建设和管理、促进工业化、城镇化与信息化的高度融合的发展主线；重点围绕实现以人为本的民生服务、打造集约高效的产业体系、科学合理的规划管理等三个领域进行突破；抓住国务院促进信息消费、加快培育和发展战略性新兴产业、建设高新技术产业园区、科创园区等重大机遇，编制出具有前瞻性、创新性、可操作性、落地性的智慧城市规划方案[1]。

3.2　调研对象

主要调研城市主管信息化政府领导、信息化主管部门、各委办局负责信息化建设的部门，以及运营商、重点企业、经济技术开发区和重点单位。包括但不限于政府办、发改委、经信委、大数据局、工业和信息化局、财政局、公安局、科学技术局、民政局、水务局、区交通局、教育局、人社局、农业农村局、地方金融监督管理局、卫生健康委员会等、环境保护局等。

3.3 调研方法

调研采取现场单部门调研访谈方式、专题调研座谈方式、调查问卷方式等。

3.4 调研内容

3.4.1 本单位组织机构及人员

主要包括人员基本情况、所在部门等情况。

表 3－1 人员基本情况调查表

填报单位名称：　　　　　　　　　　　　填报日期：　　年　　月　　日

姓名	性别	年龄	出生年月	学历	职称	参加工作时间	所在部门	担任职务	岗位类型	编制性质

3.4.2 业务及流程

主要包括本部门主要业务流程、业务范围、关联部门，当前业务管理中的重点、难点和存在的问题，以及民众对于政府单位有关业务的诉求。

表 3-2　业务及流程调查表

填报单位名称：　　　　　　　　　　　　　　　　　　填表日期：　　年　　月　　日

业务名称	办理方式	是否需流转至其他单位处理	流转单位名称	流转类型	流转方式
当前业务管理中的重点、难点和存在的问题： 民众对于政府单位有关业务的诉求：					

3.4.3　信息基础设施现状

信息基础设施调研包括以下几点。

(1) 采用信息化及其他多种手段提升部门业务管理的设想；业务提升需求、目标、指标要求。

(2) 本部门的信息化建设现状，包括硬件和软件两个方面现状。

(3) 信息获取的方式、来源。

(4) 基础及业务公共信息共享现状：内容、数量规模、更新方式周期，是否已经共享给其他单位使用，希望共享哪些部门的数据。

(5) 本部门已建、在建、规划(未来五年)项目工程和应用系统(信息化相关)。

表 3-3　硬件资源基本情况调查表

IT 基础现状通用调研表(硬件)			
单位全称			
单位地址			
单位人数		在用软件系统数量	
信息化部门名称		信息化部门人数	
信息化部门联系人		信息化部门联系电话	
单位机房及网络建设情况			

续 表

IT 基础现状通用调研表(硬件)			
行业专网	无	是否已接入互联网	
局域网		是否已接入互联网	
互联网		网络主干带宽	________ M
各网隔离方式		是否有自己的机房	
机房情况	面积____占用面积____	是否有专人维护	
网络与其他单位互联情况			
其他单位互联	单位名称：	互联方式	
互联用途		灾备中心	
安全设施		CA 认证中心	型号：
加密机		防火墙	型号：
主机防护系统	型号：	防病毒软件	型号：
安全审计	型号：	其他防护	型号：
本单位现有 IT 硬件清单(可另附表)			
硬件名称	品牌	型号	数量
服务器			
存储			
安全			
网络设备			
电脑终端等			
未来 3—5 年信息化大致规划			

表 3-4　软件资源基本情况调查表

<table>
<tr><th colspan="4">IT 基础现状通用调研表(软件)</th></tr>
<tr><td>应用系统名称</td><td colspan="3"></td></tr>
<tr><td>系统主要功能</td><td colspan="3"></td></tr>
<tr><td>负责科室</td><td></td><td>联系人</td><td></td></tr>
<tr><td>系统软件来源方式</td><td colspan="3">□自主研发　□自主选购　□上级主管部门指定</td></tr>
<tr><td>投入运行时间</td><td></td><td>软件厂家</td><td></td></tr>
<tr><td>厂家是否提供维护</td><td>□是　　□否</td><td>免费维护结束时间</td><td></td></tr>
<tr><td>运行方式</td><td colspan="3">□单机运行　□互联网运行　□专网运行</td></tr>
<tr><td>手机终端接入</td><td colspan="3">□安卓客户端　□苹果客户端　□无客户端程序</td></tr>
<tr><td>操作系统类型</td><td colspan="3">□windows　□unix　□linux　□其他</td></tr>
<tr><td>数据库类型</td><td colspan="3">□Oracle　□Sybase　□DB2　□SQL server　□Mysql
□Domino　□Access　□其他</td></tr>
<tr><td>目前占用存储(G)</td><td></td><td>预计 2016 年底占用存储(G)</td><td></td></tr>
<tr><td>活跃用户数</td><td></td><td>注册用户数</td><td></td></tr>
<tr><td>数据共享情况</td><td>□共享　□部分共享　□不共享</td><td></td><td></td></tr>
<tr><td>数据共享方式</td><td colspan="3">□局域网　□Internet　□专网　□介质</td></tr>
<tr><td>数据与哪些单位共享(与哪些系统打通)</td><td colspan="3"></td></tr>
<tr><td>共享哪些数据</td><td colspan="3"></td></tr>
<tr><td>哪些数据可以对外公开</td><td colspan="3"></td></tr>
<tr><td>数据重要程度</td><td colspan="3">□关键　□重要　□敏感　□一般　□其他</td></tr>
<tr><td>系统运行存在的主要问题</td><td colspan="3"></td></tr>
<tr><td colspan="4">未来 3—5 年信息化大致规划</td></tr>
<tr><td colspan="4"></td></tr>
</table>

3.4.4 城市服务能力调研

充分了解城市容量及公共服务能力，作为智慧城市建设顶层规划、资金估算、运维模式建议等的设计依据。

表 3－5 城市服务能力调查表

指标大类	指 标 项	调研结果
网格、街道情况	城区网格划分数量	
	城区街道划分数量	
	城区街道数量	
	街道办事处数量	
	街道办事处人员数量	
社区情况	社区数量	
	楼房数量	
	平房数量	
	封闭小区数量	
	开放小区数量	
	社区监控覆盖比例	
	社区电子门禁覆盖比例	
	社区便民服务点覆盖比例	
	具备物业管理系统的物业比例	
	社区电子快递箱数量	
	社区养老助残服务点覆盖比例	
	社区便民服务点覆盖比例	
	社区医疗点覆盖比例	
人口情况	住户数量	
	常住人口数量	

续　表

指标大类	指　标　项	调研结果
人口情况	外来人口数量	
	年龄分布情况	
	贫困人口数量	
	残疾人口数量	
	60 岁以上老人数量	
市政设施	主干街道数量	
	主干街道长度	
	十字路口数量	
	城市公共照明灯数量	
	污水处理厂数量	
	地下排污管道长度	
	垃圾处理站数量	
	垃圾投放点数量	
	公共垃圾箱数量	
	环卫工数量	
	清扫街道长度	
	垃圾清运车数量	
	城市集中供热户数	
	城市供热站数量	
	供热管道长度	
	地下排水管道长度	
	城市供电安全监控覆盖面积	
	天然气供气户数	

续　表

指标大类	指　标　项	调研结果
市政设施	天然气供气管道长度	
	天然气表数量	
	城市自来水供水户数	
	泵水站数量	
	自来水管网长度	
	城市井盖数量	
	公共变压器数量	
	红绿灯数量	
	消防栓数量	
城市安全	公共摄像头点位数	
	公共高清摄像头数量	
	交警监控摄像头点位数	
	交警监控高清摄像头数量	
	卡口摄像头数量	
	数字城管摄像头数量	
	绿色工地摄像头数量	
	一线民警数量	
	一线交警数量	
	派出所数量	
	警务室数量	
	警车数量	
	消防站数量	
	消防车数量	

续　表

指标大类	指　标　项	调研结果
公共交通	公交车线路数	
	公交站数量	
	轨道交通规划情况	
	公共停车及拥堵情况	
	道路视频监控数量	
	出租车及网约车情况	
工商业情况	公共自行车数量	
	公共自行车存放点数量	
	大型企业数量	
	中小型企业数量	
	国有企业数量	
	私营企业数量	
	能源型企业数量	
	制造型企业数量	
	高科技企业数量	
	综合商场数量	
	超市数量	
	便利店数量	
城市公共服务设施	高校数量	
	中小学数量	
	高等职业技术学院数量	
	中等职业技术学院数量	

续 表

指标大类	指　标　项	调研结果
城市公共服务设施	幼儿园数量	
	公立医院数量	
	急救中心数量	
	救护车数量	
	公共卫生间数量	
	城市桥梁数量	
	城市广场数量	
基础通信能力	家庭宽带用户数量	
	手机用户数量	
	城市 WIFI 热点数量	
	4G/5G 手机信号覆盖率	
文化、旅游等基础信息	景点数量	
	游客服务区数量	
	摄像头点位数	
	图书馆建设情况	
	博物馆建设情况	
	…	

3.4.5　局委办/部门调研

3.4.5.1　基本情况

表 3－6　基本情况调查表

<table>
<tr><td>单位名称</td><td></td></tr>
<tr><td>部门名称</td><td></td></tr>
<tr><td>成立时间</td><td></td></tr>
<tr><td>部门性质</td><td></td></tr>
<tr><td rowspan="2">人员情况</td><td>本单位人员总数：(　　　)人；</td></tr>
<tr><td>从事信息化工作人员数：管理人员(　　)人；专业技术人员(　　)人</td></tr>
<tr><td>信息化建设相关资料</td><td></td></tr>
<tr><td>单位主要职能职责</td><td></td></tr>
</table>

3.4.5.2　信息化政策及措施情况

表 3－7　信息化政策及措施情况

<table>
<tr><th>项　　目</th><th>情　　况</th></tr>
<tr><td>信息化工作相关制度、规定、规范等制度情况(如：政府信息公开、工程项目建设管理、网络管理、信息安全等级保护、风险评估、灾难备份、绩效评估等相关制度或制定等)。</td><td></td></tr>
<tr><td rowspan="5">制定了哪些规章制度?</td><td>☐ 综合管理体系</td></tr>
<tr><td>☐ 信息交换与共享管理办法</td></tr>
<tr><td>☐ 各项安全管理制度、安全管理流程和规范</td></tr>
<tr><td>☐ 运维管理统筹机制</td></tr>
<tr><td>其他</td></tr>
</table>

续　表

项　目	情　况
制定了哪些建设标准？	□ 数据标准规范
	□ 共享信息分类编码
	□ 信息资源目录标准规范
	□ 数据库设计技术要求和接口规范
	□ 数据转换格式
	其他
急需完善哪些建设标准？	
现有人才专业结构？	
目前开展了哪些方面的培训？培训次数？请具体说明：	□ 网络安全管理技术人员培训　____次/年/人
	□ 组织面向本单位员工的安全教育　____次/年/人
	□ 运行维护人员培训　____次/年/人
	□ 其他________次/年/人
未来需要哪方面的培训？	
培训的费用预计(万元)	
存在的问题及建议	
对业务管理部门/政策制定部门/标准化制定部门的意见或建议	
对安全管理职能部门的意见或建议	
对运维管理职能部门的意见或建议	

3.4.5.3　经费的投入情况

(1) 目前为止建设、运维资金的投入情况可自行列表补充。

(2) 未来5年的计划投资情况可自行列表补充。

3.4.5.4　网络建设情况

表 3－8　网络建设情况

（一）网络接入与互联情况	
网络运营商	□电信　□联通　□移动
接入互联网的办公电脑数量	
其他线路情况	
带宽	
线路年费用	
（二）业务支撑网络情况	
网络类型	□物理隔离　□逻辑隔离
内网/外网	网络数量
	建成时间
	用户数量
	是否涉密
	是否具有独立的网络管理系统
	与其他网络间隔离方式
	维护单位或部门

3.4.5.5　机房情况

表 3－9　机房建设情况

有无机房	□有　□无 如无，则下面不填写		
机房面积		建成时间	
建设成本（基础设施）	万元	地点	

续　表

机柜数量		/	/
UPS	品牌型号	容量(KVA)	停电续航时间
空调	品牌型号	功率	数量
其他设施情况(如消防等)			
机房和系统维护费用			

3.4.5.6　各局委办信息系统项目建设情况

包括业务应用系统、基础数据库、电子政务网络、安全基础设施等。

表 3-10　信息系统建设情况

序号	项目名称	建设时间	开发情况	投资额	建设资金来源	运维资金来源	运维方式	数据存放方式	数据采集方式	共享状况	共享方式
1											
2											
3											

3.4.5.7　各局委办信息系统资源库建设情况

表 3-11　数据库建设情况

序号	数据库名称	支撑的信息应用系统	数据采集方式	截至目前数据量(万条)	数据库主要存储内容
1					
2					
3					

3.4.5.8　各部门网站建设情况

表 3 - 12　网站建设情况

序号	网站名称	域名或 IP 地址	建成时间	累计信息量（条）	累计网站访问量	是否涉密	维护和更新	托管
方式								
1								
2								

3.4.5.9　信息共享和开发利用的情况

表 3 - 13　数据共享和开发利用情况

审批事项数量	
网上实现审批事项数量	
内部资源整合情况	□本部门有集中共享数据中心
	□本部门有统一运行的业务平台
	□本部门有多个相对独立业务平台
	□其他________
外部资源整合情况	□与其他部门实现部分数据共享与交换
	□与其他部门有数据共享与交换需求，但没实现
	□与其他部门没有数据共享与交换
	□其他________
共享需求	需与外单位交互的业务
	业务应用名称
	提供单位名称

3.4.5.10　各部门开展信息安全工作的情况

表 3－14　信息安全情况

是否已经组织开展了信息安全风险评估工作：	□ 否
	□ 是(请注明形式和时间频度)
是否制定了信息安全应急预案或应急协调预案：	□ 否
	□ 是(请注明预案名称)
是否组织过信息安全应急演练：	□ 否
	□ 是(请注明演练事项名称和时间频度)
是否对重要信息系统开展了灾难备份工作：	□ 否
	□ 是(请注明信息系统名称)

3.4.5.11　在 3 年内，在推进信息化方面的计划

包括政务高速网络的建设计划、部门业务应用系统建设计划、参与建设全市统一的电子政务应用平台计划、建设服务型政府、为社会公众提供方便快捷的“一站式”政府服务建设计划等。

3.4.5.12　信息资源交换共享方面的需求与举措

包括：3 到 5 年内，对建设“智慧城市”信息资源库有何需求；如何参与建设全面支撑政府职能履行，“一站式”服务的信息资源交换共享平台；如何促进信息资源的共享、开发和利用等。

表 3－15　需求和举措统计表

如果政府相关部门牵头实施资源整合，贵单位可整合的资源主要有：	□机房
	□部分服务器和存储设备等
	□部门网站
	□应用系统
	□其他
你希望通过实施资源整合，能够提供哪些服务？	□统一集中配置硬件资源、商用软件、安全平台
	□提供机房环境对部门现有设备托管

续　表

你希望通过实施资源整合,能够提供哪些服务?	□部门信息化系统非业务部分由政府信息化支撑机构集中维护
	□政府提供统一互联网出口,部门不再向运营商缴纳上网费
	□建立门户网站群,将部门网站纳入统一管理
	□统一建设办公自动化系统,供部门使用
	□建立政府信息资源目录体系,实现部门间数据共享
	□其他

3.4.5.13　智慧城市重点建设项目情况

按照重点建设领域及项目进行调研。

(1) 基础设施建设现状、目标及内容。市公共基础设施、信息化基础设施、城市公共支撑等。

(2) 政府服务。包括智慧管理、智慧服务等。

以及数据资源的融合考虑、业务的大协同考虑、可共享的数据及开放的目录结构。

整体资源框架定义：基础信息资源、主题资源(城市规划建设主题、公共安全管理主题、城市交通管理主题、城市管理主题……)、综合信息资源等。

(3) 城市治理。包括智慧交通、智慧安防、智慧城管、智慧社区等,以及城市基础运行支撑的规划、城市运行环境的完善和建设、运营模式的构建需求、市场监管机制、经济监管机制、投融资政策和机制等。

(4) 宜居生活。包括智慧教育、智慧医疗、智慧旅游等。

(5) 产业创新。包括智慧园区、智慧制造等。

3.5　调研组织设计及人员配备

表 3－16　人员配备情况

序号	角　色	人　员	职　　责
1	项目总负责人	1 名	负责项目调研组织、协调、进度安排等工作
2	项目成员	若干	负责调研具体实施、制定调研计划、调研提纲

续　表

序号	角　色	人　员	职　　责
3	项目成员	若干	负责调研问题制定、调研报告编写
4	项目成员	若干	负责调研记录、调研报告编写

3.6　主题调研

主题调研包括智慧城市各个行业及领域的建设情况摸底，本节以智慧义乌调研方案为例进行介绍。

3.6.1　调研背景

义乌古称"乌伤"，为中国浙江省金华市下辖县级市，金华—义乌（浙中）和杭州（浙北）、宁波（浙东）、温州（浙南）并列浙江四大区域中心城市；义乌是中国首个也是唯一一个县级市国家级综合改革试点城市，先后被授予中国国家卫生城市、国家环保模范城市、中国优秀旅游城市、国家园林城市、国家森林城市和浙江省文明示范市等荣誉称号。义乌是全国最大的小商品集散中心，被列为第一批国家新型城镇化综合试点地区。

根据《关于组织开展新型智慧城市评价工作务实推动新型智慧城市健康快速发展的通知》（发改办高技〔2016〕2476号）、《浙江省人民政府办公厅关于印发浙江省数字化转型标准化建设方案（2018—2020年）的通知》（浙政办发〔2018〕70号）及义乌市委市政府对经济社会发展的总体部署的要求，需编制《义乌市新型智慧城市规划设计方案》，在义乌市政府的指导下，由义乌市大数据局牵头，对各局委办和重点龙头企业、重点街道等进行了现场调研，以访谈形式为主。

3.6.2　主题调研内容

【主题A】智慧交通

1. 现状及问题调研

目前义乌交通的发展现状如何？遇到的主要挑战及痛点是什么？

交通拥堵的拥堵区域和重点区域范围在哪里？原因是道路规划不合理，还是信号灯控制问题，流量疏导手段不到位？

目前停车场是否已经做到自动扫描车辆车牌入停车场，系统做计时，出停车场再进行自动收费？若有相关系统，是否已与ETC系统相关联？

发生拥堵时，目前的交通诱导手段有哪些？有效性如何？有没有和专业地图公司合作？用户上报有什么手段(对堵点/事故等)？

目前城市车辆保有量规模？近三年的增长速度如何？

目前，公共交通的管理调度实现方式有哪些？还有哪些方面需要提升？

现有尾气排放监测情况有什么困难？有什么提升建议？

现在交通流量检测存在什么问题？如何提升准确性？

交通事故的侦测上报、处理机制及流程存在什么问题？

公共交通车辆的GPS、视频监控等监测信息传输是否及时有效？收集信息后如何应用？遇到突发事件后，调用处理是否有不足？

城市交通流量、车辆出行流向及时段是否有相关分析、预测、预警手段？存在哪些不足？

交通大数据至少包含哪些数据信息？

现有的视频监控设备是否能满足实现车牌、超速、违章识别的功能需求？(如部署位置、部署数量、上传及时性、识别准确度等)

交通执法人员的执法终端应用情况如何？怎么与一线执法人员共享最新交通信息(事故/拥堵)？信息共享及时性如何？

在道路上是否有显示交通路况信息的引导屏，以便及时推送路况信息？

城市交通管理对驾驶员审验、车辆年度检验、交通管理信息查询和对违法事件的处理等是否都实现了网络化、自动化、智能化？

2. 系统采集终端现状及问题

(1) 交通信号灯：型号、位置、数量、联网情况、接入数据中心的途径(政务外网、内网?)等，哪些需要更换、升级(软件、硬件)。

(2) 监控摄像头：型号、位置、数量、联网情况、分辨率、接入数据中心的途径(政务外网、内网?)等，哪些需要更换、升级(软件、硬件)。

(3) 路障(路卡)：型号、位置、人工控制还是联网控制、接入数据中心的途径(政务外网、内网?)，哪些需要更换、升级(软件、硬件)。

系统是否可以查询到上述采集终端的统计数据？故障上报机制是如何实现的？

3. 其他需要解决的问题

打造智慧站牌，实现公共交通车辆的实时跟踪、定位，为市民提供车辆到站信息、车辆上人员拥堵等信息。需要考虑初期在哪些位置部署。

4. 需求调研

在智能路灯控制管理系统、环境秩序和资源感知系统、全业务数据服务系统建设方面，哪个系统需求更为急迫？有何具体需求？包括具体的建设区域、建设内容、建设要求（终端层面——感知、执法等、网络层面、平台层面、业务功能层面、运维层面）等方面。

【主题 B】智慧城管

现状问题及需求调研：本地是否编制了完整合理的城市规划，是否制定了道路交通规划、历史文化保护规划、城市景观风貌规划等具体的专项规划；本地是否建有城市地理空间框架，是否建立完善的考核和激励机制；本地是否采用遥感等技术，提升园林绿化的监测和管理；本地是否采用信息技术，促进城市历史文化的保护；本地是否采用信息技术，提升城市建筑节能的工作水平。

【主题 C】智慧环保

现状问题及需求调研：通过税务局的环境监控中心总体情况摸底；各类基础数据信息情况、地图数据、监测基础设施与采集情况、数据共享交换情况与业务流程；生态环境保护的需求和痛点解决；生态环境与产业经营方式的调整策略、方法及规划；规划周期内的节能及空气指数基本数据。

【主题 D】智慧旅游

1. 现状及问题调研

企业主导的旅游发展情况，主要分旅游电子商务发展情况、景区景点电子商务发展情况、旅游网站关于景区发展情况及旅游酒店电子商务发展情况的介绍；政府主导的旅游发展情况以及景区主导的旅游发展情况。

2. 需求调研

义乌商贸旅游发展基础分析及前景分析。

【主题 E】智慧教育

现状问题及需求调研：当前教育资源现状；本地教育信息化发展规划；智慧校园建设现状及发展规划。

【主题 F】智慧商贸

现状问题及需求调研：当前义乌商贸业现状；建立商贸信息综合平台有何需求，商贸经营主体关注的主要商贸信息有哪些？

【主题 G】智慧医疗

现状问题及需求调研：义乌现有的医疗卫生资源情况、医疗卫生服务负荷情况、医疗卫生费用数据情况及城镇医保规模情况分析；义乌现有人口环境分情况分析，教育环境情况分析，城镇化分布情况分析。

【主题 H】平安城市

1. 现状问题及需求调研

(1) 本次平安义乌系统建设中涉及的子系统范围(视频监控系统、入侵报警系统、周界防范报警系统、出入口控制系统、电子巡查系统、停车场管理系统、安全检查系统)?

(2) 因城市面积较大，建设周期较长，安全防范系统运行模式的探讨，新建安全防范系统与原有安全防范系统的关系?

□新建部分安防系统独立建设，同时与原有安防系统联动报警，原有安防系统继续留用。

□新建部分安防系统独立建设，集成原有安防系统。

□使用原有安防系统，只增加前端设备。

□其他____________________

(3) 安防总控中心设置的位置? 有几个区域安防分控中心?

(4) 单体建筑物是否设置安全防范人员的值班室? 人员如何配置? 特殊区域是否有特殊要求?

(5) 每个单体安全防范系统的功能要求?

(6) 安全防范系统对外报警功能要求(110)?

2. 视频安防监控系统建设

(1) 不同防护对象的视频监视要求?

□人数智能统计　　□人脸识别　　□物体滞留分析

□区域警戒分析　　□目标跟踪监视

□其他____________________

(2) 视频记录时间与回放要求?

□15 天　□30 天　□其他__________

(3) 与其他相关系统联动介绍，功能要求?

与监控中心报警(电子地图)联动，与分监控中心报警联动，同步 110 联动，同步门禁联动，同步灯光联动，同步警铃联动；哪些建筑单体需要联动，特殊点联动要求。

3. 入侵报警系统建设

(1) 城市建筑物(群)和构筑物(群)周界防护?

(2) 区域、空间防护、重点实物目标报警系统设置要求(红外探头,双鉴探头,门窗检测器,玻璃破碎器,阻拦式检测器,车辆金属检测器等)。

(3) 入侵报警系统报警功能要求,联动要求?

(4) 设备运行状态和信号传输线路检测,防破坏报警功能要求?

(5) 在重要区域和重要部位发出报警的同时,是否对报警现场进行声音复核?

【主题I】智慧园区

1. 现状问题调研

提供义乌市园区管理现状(基础设施服务和物业服务等),现有系统部署在什么网上(网络结构等)? 管理及维护方式、资源利用率、数据分析能力如何? 感知终端有哪些? 是否有物联网规划? 目前面临的主要问题及痛点有哪些? 政府层面有没有扶持政策? 如有,请附相关材料。

2. 需求调研

在园区运营综合监控系统(运营管理系统、物业服务系统、企业云)、园区企业服务系统(文化建设门户和App、电商服务系统)建设方面,哪个系统需求更为急迫? 有何具体需求? 包括建设具体内容、建设目标、建设要求(终端层面——感知、办公等、网络层面、平台层面、业务功能层面、运维层面)等方面?

【主题J】智能物流

现状问题及需求调研:提供义乌市物流产业发展情况(近两年的物流产业数据、主要物流基础设施建设情况、物业行业遇到的瓶颈与问题、信息化发展情况等),需提供关于物流行业的发展规划报告;是否有针对物流行业、物流产业提供的相关优惠政策、扶持资金、专项资金? 如有,请附相关材料;针对城市共同配送方面,有什么想法及规划? 政府层面有没有扶持政策? 如有,请附相关材料。

第4章　新技术在智慧城市中的应用

智慧城市是以5G、人工智能、云计算、物联网、区块链等新技术为支撑，以“新基建”下的数据中心为主要基础设施，在城市各个方面实现智能应用的高级城市发展形态。智慧城市的实质是利用先进的信息技术，实现城市智慧式管理和运行，进而为城市中的人创造更美好的生活，促进城市的可持续发展。

4.1　5G+智慧应用

4.1.1　5G概述

5G是面向2020年以后移动通信需求而发展的新一代移动通信系统，相比4G，5G具有超高的频谱利用率和能效，在传输速率和资源利用率等方面有量级的提高，其无线覆盖性能、传输时延、系统安全和用户体验也得到显著的提高。5G支持0.1～1 Gbps的用户体验速率，每平方千米一百万的连接数密度，毫秒级的端到端时延，每平方千米数十 Tbps的流量密度，每小时500 km以上的移动性和数十 Gbps的峰值速率。其中，用户体验速率、连接数密度和时延为5G最基本的三个性能指标。同时，5G还需要大幅提高网络部署和运营的效率，相比4G，频谱效率提升5～15倍，能效和成本效率提升百倍以上。国际标准化组织3GPP定义了5G的三大场景。其中，eMBB指3D/超高清视频等大流量移动宽带业务，mMTC指大规模物联网业务，URLLC如无人驾驶、工业自动化等需要低时延、高可靠连接的业务。IMT-2020(5G)从移动互联网和物联网主要应用场景、业务需求及挑战出发，将5G主要应用场景纳出为：连续广域覆盖、热点高容量、低功耗大连接和低时延高可靠四个主要技术场景。

(1) 连续广域覆盖场景，是移动通信最基本的覆盖方式，以保证用户的移动性和业务连续性为目标，为用户提供无缝的高速业务体验。该场景的主要挑战在于随时随地(包括小区边缘、高速移动等恶劣环境)为用户提供 100 Mbps 以上的用户体验速率。

(2) 热点高容量场景,主要面向局部热点区域,为用户提供极高的数据传输速率,满足网络极高的流量密度需求。1 Gbps 用户体验速率、数十 Gbps 峰值速率和数十 Tbps/km^2 的流量密度需求是该场景面临的主要挑战。

(3) 低功耗大连接场景,主要面向智慧城市、环境监测、智能农业、森林防火等以传感和数据采集为目标的应用场景,具有小数据包、低功耗、海量连接等特点。这类终端分布范围广、数量众多,不仅要求网络具备超千亿连接的支持能力,满足 100 万/km^2 连接数密度指标要求,而且还要保证终端的超低功耗和超低成本。

(4) 低时延高可靠场景,主要面向车联网、工业控制等垂直行业的特殊应用需求,这类应用对时延和可靠性具有极高的指标要求,需要为用户提供毫秒级的端到端时延和接近 100%的业务可靠性保证。

5G 技术创新主要来源于无线技术和网络技术两方面。在无线技术领域,大规模天线阵列、超密集组网、新型多址和全频谱接入等技术已成为业界关注的焦点;在网络技术领域,基于软件定义网络(SDN)和网络功能虚拟化(NFV)的新型网络架构已取得广泛共识。此外,基于滤波的正交频分复用(F-OFDM)、滤波器组多载波(FBMC)、全双工、灵活双工、终端直通(D2D)、多元低密度奇偶检验(Q-ary LDPC)码、网络编码、极化码等也被认为是 5G 重要的潜在无线关键技术。

2020 年是步入 5G 大规模商用的元年,立足数字经济建设需要,把握 5G 发展历史机遇,围绕创建 5G 网络建设先行区、5G 融合应用示范区、5G 产业发展创新区的战略目标,以规划引领、示范先行、产业带动为原则,有目标、有重点、有节奏地组织开展 5G 融合应用示范及建设工作,以示范项目推动本地 5G 应用产业生态圈,建成全国 5G+创新发展标杆城市,助推国际贸易综合改革试点、国内贸易改革试点、国家新型城镇化试点的建设。坚持以网络强国战略思想为指导,紧紧围绕数字经济强市总体目标,加快 5G 基础设施建设,培育发展 5G 产业新业态、新模式,推进 5G 融合应用,着力打造网络建设领先、应用场景丰富、产业特色鲜明的 5G 示范城市。

以 5G 技术与云计算、大数据、人工智能、虚拟增强现实、边缘计算、区块链等技术的深度融合为基础,服务数字经济、数字政府、数字社会三类群体,重点聚焦制造、文旅、农业、安防、交通、政务、健康、教育和智慧社区等典型场景,全力打造百个融合应用示范项目，形成一批全国具有影响力、特色鲜明、亮点突出、可复制可推广的典型应用案例，实现各行各业深度融合和规模应用。重点扶持5G+VR/AR眼镜、5G+智能电气设备、5G+智能仪器仪表、5G+汽车智能配件、5G+智能家居、5G+人工智能机器人六大领域的5G智造企业做强做大；5G+电竞、旅游教育、医疗等领域的AR/VR的内容制作、5G软件服务企业、5G衍生综合服务企业做专做优，形成一批具有输出能力的5G本地化企业，重构本地数字经济新优势。

4.1.2　5G+城市应用场景

4.1.2.1　5G+智慧交通

5G的大带宽、移动边缘计算、边云协同技术（“边云协同”，即云端与边缘的协同。通过边云通道，部署在边缘节点上，并实现在云端远程管理应用，保障部署在边缘的应用能够正常运行，并通过与云端的连线，将业务执行结果在云端呈现）可以满足车联网高速、低延时和高可靠性的通信要求。实现人与车、车与车、车与环境间的实时通信，组成数据互动网络。车联网是自动驾驶的基础，现阶段网联化和智能化还处于初步的协同发展阶段，但融合已成趋势，将走向规模商用[2]。

5G大规模天线、边缘计算、网络切片等技术满足直播、物流、巡检安防、测绘、农业等绝大部分无人机应用场景的通信需求。

4.1.2.2　5G+生命健康

机器人在5G网络下接受及执行任务指令的速度明显更快，这对于某些需要高精度操作的工业/协作机器人、医疗机器人的能力将有重大提升。

4.1.2.3　5G+装备制造

低延时、高可靠的网络基础设施是实现各环节深度互联的前提，传统无线解决方案存在局限性，5G在工业领域所需求的速率、时延、终端连接数、可靠性、安全性等指标上优势突出。

建设基于5G+工业互联网的智慧工厂应用，构建从应用层、网络层、感知层全连接的网络协同智造支撑平台，实现工业设备数据采集、分析处理与自动控制，实现各类数据整合，帮助工厂提高管理规范性，改善产品质量与生产效率。

4.1.2.4　5G+物流产业

在5G网络环境下，实现物流园区的智慧化管理，分拣机器人实现高密度大连接场景下高效有序协同工作，安防机器人实现非法人员预警；低空无人机实现小件货物的便捷投递，园区无人物流车送货，物流仓储装备自动化，实现物流追踪等。

4.1.2.5　5G+环境监测

结合人工智能，开展5G网络环境下的输电线路无人机巡检，进行远程飞行控制与视频回传，实现配电站、开关站的高清视频监控、温湿度数据采集等无人巡检服务。通过5G+电力机器人电力线路巡检、清障以及检修试验，及时发现安全隐患与故障排除。

利用无人机、无人船搭载高清摄像机、水质监测仪、气体监测仪、多光谱成像仪等设备，实现大气、水、土壤、噪声与生态的全方位检测、问题处理与环保执法，实现智慧环保再升级，有效提升工作效率，降低人工成本。

4.1.3　5G在微公交领域的应用

4.1.3.1　5G微公交业务

5G自动微公交，重构城市公共交通微循环，以地铁站点为节点，解决3千米以内的短途接驳需求。

基于5G的自动驾驶微公交项目，合作建设示范运营区，将5G与自动驾驶业务相融合，在5G+自动驾驶、5G+VR等方面进行创新，并且后续基于5G高速率、低时延、大连接的特点和网络切片、边缘云等技术进一步实现自动驾驶的转型升级。

根据中国特色国家环境，目标场景定位于5G自动微公交业务，帮助城市管理者完成城市中最重要的新型交通基础设施建设和5G技术落地应用。

自动微公交采用5G数字轨车路协同技术，能够从技术上保障行驶安全。改善大城市交通拥堵，提高公共交通出行率。轨道交通+微循环是解决之道。5G自动微公交是微小运量的代表，可以完善城市微循环，作为交通系统的“毛细血管”。通过政府主导投资，开展道路新型基础设施建设；与轨交、大公交节点有机结合，形成立体化、大中小运量一体化的智能网联交通体系，不断优化百姓出行方式和生活品质。

智能驾驶市场应用场景有很多，在中国5G自动微公交是最佳的切入场景。

4.1.3.2　5G微公交应用场景

1) 城市公交微循环

大中城市的地铁、轻轨、高铁等城市干线公共交通基础设施不断完善；从干线公共交通站点到社区、商业区、学校、医院等最后 1～3 千米依旧是出行痛点；提高公共交通出行意愿是改善城市交通拥堵现状的根本措施。

案例 3-1　乌镇第一条 5G 自动微公交项目

作为乌镇全域智能网络交通系统的一部分，服务乌镇的居民及游客，提升乌镇城市智能化水平和旅游城市形象；在乌镇互联网大会期间，提供参会领导、嘉宾、会员的接驳工作，保障大会交通通畅，有序。

线路南起“乌镇设计大楼”，途径“姚太线”“环河路”至“隆源路”交叉口，终点离互联网大会会址入口 100 米左右，全线约 4.2 千米。

全线配置 4 辆 City Robot-哪吒系列 5G 自动微公交，往返行驶接驳人员。

5G 网络全线高质量覆盖，全线“5G 数字轨”铺设。

项目规划、建设：2019 年 7 月～10 月

项目调试：2019 年 10 月～11 月

项目示范运行：2019 年 10 月开始

2）未来社区

大中城市的地铁、轻轨、高铁等城市干线公共交通基础设施不断完善；基于“数字轨”实现社区内循环接驳与社区外循环 TOD 衔接，打造未来社区 5 分钟、10 分钟智慧出行体验；建设社区数字孪生平台，管理未来社区智能机器人种群，构建低碳、共享、智慧的未来社区。

3）智慧物流

互联网商业持续发展，对物流体系的高效性、安全性、快速性和低成本不断提出新的要求；对高速公路、物流园区、机场港口以及物流车辆的智能化改造是必由之路；以人为本，用人工智能技术协助物流从业人员，提高工作效率，降低工作强度，保障人身安全。

4.1.4　5G 在航空领域的应用

4.1.4.1　5G 托运行李全程可视化服务

行李领取仍是旅客旅程中的一个痛点。旅客在到港后及时获取信息是减轻焦虑和缓解沮丧的关键。四分之一的旅客在移动设备上收到通知，与无法获得技术支持的旅客相比，其满意度提高了 8.6%，而无法获得技术支持的旅客不得

不依赖航班信息显示系统（53%）或公共广播公告（34%）。于2018年6月生效的IATA第753号决议要求成员航空公司在旅程中的四个关键时间点追踪每一件行李：值机时、装载飞机时、转机时和抵达时。这是一个在未来主动向旅客发送通知的好机会。

5G结合GPS、RFID、AI摄像头等技术实现行李在飞机仓位的可视化追踪，增加旅客对托运行李服务的安全感，行李托运、行李到门等服务费用和旅客地面出行效率提升将给机场带来附加价值增长。

4.1.4.2　5G+VR高清全景直播服务

利用无人机、固定或机动机位，对机场进行全景直播，在远端通过VR眼镜或其他显示终端观看实景。紧急事件现场临时部署全景摄像机或无人机（视频采集），与应急预案结合，指挥决策人员基于现场情况进行指挥决策。

4.1.4.3　5G+AI远程操控

结合5G延迟低的特点，结合AI技术，针对机场内的高危场景、环境恶劣场景及人员不可触及场景，研发AI机器人，替代人员进行相关的业务操作，面对复杂的操作场景，可由工作人员佩戴VR眼镜在控制中心对5G智能机器人进行远程操控，完成作业，从而降低风险，提高效率。

4.1.4.4.　5G+无人配送服务

在航站楼内可以部署配送机器人，进行自助的餐饮售卖和配送服务，用户下单后机器人取餐自行乘坐电梯到达点餐人所在楼层。

4.1.4.5　5G万物互联+大数据运营

对机场范围内的地面设备、车辆、运行人员，加装5G信息通信模块，结合机场运行保障平台，及大数据技术，实现机场内的万物信息互联，使机场运行部门实时掌握机场全方位活动空间的航空器和车辆运行动态，航空器和车辆活动申请，机场跑道、停机位、滑行道占用情况等信息，航空器操控者可掌握从当前位置滑行至落地目的停机位、推出后至目的跑道等待位置的最优滑行路径，可观察周围活动车辆和航空器动态以及实时接收地面管制指令；机场站坪活动车辆驾驶员可以获取当前位置到目的位置最优行驶路径、周围影响行驶的场面活动动态、场面运行相关指令，机场可根据航班保障情况，人员空闲情况及位置，进行统一调度，提高效率。最终实现对航班、旅客、行李、车辆的精细化、协同化、可视化、智能化的运行与管理。

4.1.5　5G移动大数据赋能智慧城市

5G网络将实现人与人、人与物以及物与物的连接，广覆盖大连接的特点为移动数据采集奠定了基础，海量的物联网数据和多样的用户数据，能够为智慧城市顶层规划、运营管理及产业发展，提供精准、全面、实时、高价值的数据分析和决策支撑，助力智慧城市实现信息网络泛在化、规划管理信息化、基础设施智能化、公共服务普惠化、社会治理精细化、产业发展数字化、政府决策科学化。

5G 技术将成为推动物联网发展的动力，一方面 5G 应用将会促使物联网设备的数量以及数据规模急剧增加，同时 5G 网络具备的大规模物联网业务特性又为物联网设备的海量接入提供了可能，一旦技术条件成熟，物联网将成为真实的概念，相关垂直产业的发展也将得到大幅提升，比如智能制造、智能车联网等。

4.1.5.1　5G＋智能制造

海量传感器、机器设备和信息系统的相互连接，数据管理平台和人工智能系统将实时接收和处理海量数据，并将相关分析、决策反馈至工厂，完成智能制造模式的生态闭环。同时，5G 技术下的物联网络覆盖全球，连接着广泛分布的跨区域的商品、客户和供应商等，实现了对产品完整生命周期的全连接，最终形成基于大数据与 AI 的智能制造生态系统循环。

4.1.5.2　5G＋智能车联网

智能汽车可以同周边车辆、道路环境和相关基础设施等产生信息交互，获得比搭载传感器的单台车辆更多的周边信息，大大增强对周围环境的感知。此外，智能化车联网还将实现“智能决策”“协同控制和执行”等功能，但这需以强大的后台数据分析、数据处理、决策、调度服务能力为基础。5G 可以连接比 4G 更多的节点，同时可以传输海量数据，非常适合应用于信息交互复杂的自动驾驶场景；5G 网络可以保障车与车、车与路、车与其他障碍物之间的信息交互延时在 1 毫秒内，车辆在自动驾驶场景下可以即时处理周边的各种突发情况。

4.1.5.3　支撑政府管理

5G 智慧城市下多样的用户数据可以提供用户多种信息，例如位置、轨迹、

上网行为、搜索行为、身份、社交、支付等等，基于移动大数据可研发相关人口分析、交通大数据、热图、智能短信服务等产品。统一采集数据进行处理和为应用层提供标准化通用的接口，方便应用的扩展，实现智慧城市移动大数据应用的商用落地和快速推广，服务于商业客户以及政府单位。

通过合理的人口分析模型，支撑政府合理配置公共服务资源，优先发展现代教育，高标准配置医疗卫生资源，建设公共文化服务设施，构建完善的全民健身

设施网络，合理规划城市商住区域，打造可持续发展的智慧城市生态系统。

4.1.5.4　支撑产业发展

移动大数据应用场景众多，可支撑旅游、安保、应急指挥、信用、商业、医疗、教育等多种产业。例如，通过监控旅游区域的人流，预防热点区域人流过密导致的安全问题，助力景区安全运营管理；基于信令数据的重大公共场合和活动监控，合理调配警力等。

4.1.5.5　助力城市治理

移动大数据覆盖用户群体大，实时计算能力强，对于突发事件能快速响应并告警，监控特殊来源地人群，支持政府应急维稳，保障社会稳定；同时也可依托交通大数据应用监控交通，为政府提供不同维度的实时交通分析及预测结果，从而促使政府按照网络化布局、智能化管理、一体化服务的要求，综合布局各类城市交通设施，实现多种交通方式顺畅换乘和无缝衔接，打造便捷、安全、绿色、智能的交通系统。

4.1.5.6　数据流动安全保护

数据的融合、使用和共享，是构建智慧城市的关键。数据既是智慧城市的基础，也是智慧城市的核心资产。然而，如何在挖掘数据价值、使用数据资产的同时，兼顾数据安全，是智慧城市建设中面临的一大挑战。在智慧城市的环境下，各种用途、各种形式的终端日渐丰富，数据源的种类和数量呈爆发式增长。数据采集、存储、传输的方式日趋多样，数据使用和共享的场景日趋繁复。造成数据的风险暴露面显著扩大，使得数据更容易被攻击和窃取。与此同时，随着数据内容更加丰富、更加敏感，在海量数据中识别敏感数据、保护敏感数据的难度随之增大。

要保障数据在各个阶段、各个场景中的安全，需面向智慧城市数据中心，建立数据全生命周期安全保障机制。通过“技管”结合，建立完整的数据安全保护体系，并在数据生命周期（数据采集、数据传输、数据存储、数据使用、数据共享、数据销毁）的不同阶段，分别采用有针对性的技术手段实施保护，以保障数据全生命周期安全。

实体市场遭遇线上电子商务的严重冲击。电子商务发展逐步成为商贸交易的主流模式，是大势所趋，业务占比50%以上，日益增加。显而易见，电商对实体市场的冲击将是长期的，甚至会有越来越大的趋势。实体渠道虽有自身的优势和存在价值，但受电商的冲击到什么程度难以预料。城市购等电商平台小打小闹难成气候。

4.1.6　5G产业应用实例

1）开展5G+数字经济融合应用创新

以5G+产业发展为切入点，积极推动5G在制造、文旅、农业等领域的应用，提升产业数字化水平。在电气、泵阀、汽车及零部件、包装印刷等行业重点企业，开展5G+智能制造试点示范项目建设，形成一批“无人车间”“无人工厂”“小微5G+工业智慧园区”，加快制造向智造转型升级。在重点旅游景区、旅游综合体及博物馆、电竞游戏、数字媒体、网红经济等文创领域，开展5G+数字文旅试点示范项目建设，开展5G+AR/VR、高清全景、全息影像试点示范项目建设，助推地方文旅产业做大做强。在农业规模种植、农旅综合体等领域，组织开展5G+环境监测、5G+产品溯源、5G+农业灌溉、5G+农旅体验试点示范项目建设。

2）开展5G+数字政府融合应用创新

以5G+数字政府为切入点，推动5G在安防、监管、交通、政务等领域的应用，加快建设特色数字政府，带动相关产业发展。结合“云上公安”“在线警务”等建设目标，打造5G+智慧安防试点示范工程，探索5G在警务、安保、应急等安防领域的创新应用，加快建设立体化社会治安防控体系；结合生态环境、住建、综合执法等领域的信息化建设目标，打造5G+智慧监管试点示范工程，推进5G技术在环境监管、工地监管、移动执法、城市三维建模等领域的融合应用，全面提升城市治理水平；加快打造综合交通枢纽的决策部署，开展5G+智慧交通试点示范工程，推动5G技术在交通管理、共享车位、智慧机场、智慧高速等领域的应用创新；以政府数字化转型工作为契机，打造5G+数字政务试点示范工程，通过5G技术实现政务管理、政务服务的数字化转型，打造成掌上办事、掌上办公之城。

3）开展5G+数字社会融合应用创新

以5G+民生服务为切入点，以健康、教育、智慧社区为重点打造数字化民生创新应用。面向医疗诊断、医疗检测、医药冷链、健康养老等环节，探索5G+健康服务应用，推动医疗资源下沉，提升医疗健康服务能力；针对智慧课堂、远程课堂、平安校园、网络学习社区等场景，探索5G+教育服务应用，创新课堂教学模式，保障校园安全，推进教育资源均等化配置；响应人本化、生态化、数字化社区建设需求，打造5G+智慧社区样板，推动社区全方位安防、居家医养、垃圾分类等创新应用建设。促进民生数字化应用创新发展，全面提升民众生活幸福感。

4.1.6.1 5G+智能制造示范应用工程

加快5G与工业互联网应用的融合创新，鼓励电气、高端装备、汽车零配件、阀门、时尚等特色产业领域的龙头企业开展5G+智能制造的试点示范工程建设。

一是5G+智能智造，探索5G与工业机器人、智能传感控制设备、智能检测装备、数字孪生系统、边缘计算的融合应用，实现工业自动控制、设备监测运维、远程检修操作、生产质量控制及追溯、数字孪生可视化管理等智能应用。

二是5G+柔性制造，依托个性化产品数据库，准确挖掘用户个性化需求特征，进而通过5G连接云端控制中心与云化机器人，发挥其自组织和可移动的能力来满足柔性生产，实现制造企业大规模的个性化定制。

三是5G+质量检测，依托激光扫描与5G的融合，精确快速获取数据并生成三维模型，实时进行模型一致性比对和结果反馈，实现生产产品的自动质量检测或选型。

四是5G+小微工业园区，加快园区5G网络优先覆盖，开展园区内5G+安防+物流+物业管理的应用实践[3]。

五是5G+智造企业培育，把握5G万物互联时代，依托传感器、电气设备、仪器仪表、机器人研发产业基础，培育面向网络通信、工业控制、智能传感、智能机器人等领域的新型智能设备智造产业。

4.1.6.2 5G+智慧文旅示范应用工程

顺应5G+文化旅游融合趋势，推进5G在旅游、电子竞技、文化创作、网红经济、赛会直播等场景中的应用，发展壮大以旅游、网游交易、网络直播、数字影音为特色的文化旅游产业，打造成5G智慧文旅示范城市。

一是5G+旅游景区，打造5G+AR/VR全景直播、高点位鹰眼监控、人脸识别无感支付、无人驾驶等创新应用，提高景区服务能力，提升游客体验。融合4K/8K视频、AR导览、VR游戏等精品体验项目。

二是5G+文旅融合体验馆，建设基于5G技术的AR/VR影像展示、4K/8K全景、全息影像、文物讲解、游戏互动等沉浸式互动娱乐项目，开发无人驾驶车游览、智能机器人导览等应用服务，打造城市文旅创新标杆。

三是5G+电子竞技，对接大型动漫游戏平台，鼓励电竞企业开发5G网络环境下的新型云游戏，摆脱终端束缚，提升用户体验。

四是5G+网红经济，依托众创空间、电竞小镇等载体，积极推进5G在“网红+影视”“网红+电商”“网红+VR”等场景的融合应用，实现网红高清、VR在线直播等新模式。

五是 5G+高清移动直播，依托广电集团媒体平台和内容资源的优势，探索 5G 与媒体采访车、无人机等载体融合创新应用，实现实时新闻报道、文体赛事等媒体直播、互动活动。

六是 5G+VR/AR 内容产业培育，以旅游、电竞等行业 AR/VR 内容需求为导向，把握沉浸、交互、感知等特点，鼓励重点企业定制化开展 AR/VR 内容制作和相关技术创新。

4.1.6.3　5G+智慧农业示范应用工程

加快 5G 与农业的融合创新应用试点示范。

一是 5G+农业种植，依托 5G、智能物联网、人工智能等新技术开展智能田间作业和精细化管理，实现智能化智能节能灌溉、测土配方施肥、农机定位耕种、农产品溯源及数据分析等功能，彻底改变传统耕作方式，开启智能农业新时代。

二是 5G+农业体验综合体，打造“现代农业+休闲度假+田园社区”为一体的田园综合体，融合 5G 与 4K/8K 高清视频、360°VR 全景直播、AR 导览、远程农业示教等应用，打造 5G+农旅特色旅游路线，为游客提供更多农业旅游互动体验，让线上、线下游客全面了解现代化农业产业园，实地感受、学习现代化农业知识。

4.1.6.4　5G+智慧安防示范应用工程

深入结合“云上公安”“雪亮工程”建设目标，推动 5G 与物联网、高清视频、人工智能、AR/VR 等智能技术的融合应用，开展 5G+智慧安防试点示范工程。

一是 5G+在线警务，以全国多省市“雪亮工程”建设为契机，推动 5G 与高清视频监控、移动警务终端、警用头盔、车载巡逻终端等智能终端的融合应用，实现“人、车、物、案”等实时动态的超级感知、音视频图像的自动传输、数据的实时建模分析，自动预警潜在高危人员，提升“预测、预警、预防”能力。

二是 5G+天地空一体化安保，加快安保体系基于 5G 技术的升级改造，利用地面巡查机器人、空中巡航无人机、移动智能安保终端等新兴技术手段，打造活动现场天地空一体化的全方位安保体系，加强活动现场的安全保障。

三是 5G+智慧应急，针对突发灾害事故场景，基于 5G 网络高速率、低时延特点，实现事故现场全方位监控、红外高空探测、专家远程指导，辅助应急人员开展搜救行动，通过 5G+视联网，领导可随时远程参与应急指挥会议，进一步增强应急救援能力。

4.1.6.5　5G+智慧监管示范应用工程

积极推动 5G 与物联网、大数据、高清视频等技术的融合应用，开展 5G+智慧监管试点示范工程。

一是5G+移动水管家，以5G+无人船、5G+无人机、5G+水下小潜艇等为载体，建成生态环境监管扁平化指挥系统，以战时应急与平时执法监管相结合，应急环境取样和日常环境监测相结合，实现对生态环境全方位动态监管，实时掌握。

二是5G+工地智慧眼，围绕"智慧工地"建设，组织开展5G与移动视频监控、无人机巡逻、传感器探测的融合应用，对工地扬尘、人员行为以及基坑变形情况进行实时监测，实现扬尘超标、异常违规行为、塌方事故的提前预警。

三是5G+移动执法，以提升执法办案效率为目标，探索5G与移动执法终端、AR眼镜、智能头盔等新型装备的融合应用，实现图像数据的实时回传和查询、专家远程执法指导、领导远程指挥调度。

四是5G+城市监管，通过5G+无人机技术快速建模三维城市，形成局部三维实景地图，赋能执法人员远程城市监管，提高取证实时性，提升监管效率。

五是5G+智慧监管综合服务产业培育，以5G+北斗精准测绘为突破口，对接5G技术，探索河床三维测绘地图、城市三维实景地图等城市监管服务产品，培育一批5G+智慧监管综合服务提供商，加快推进服务业的数字化转型。

4.1.6.6 5G+智慧交通示范应用工程

推动5G与大数据、物联网、智能终端的融合应用，开展5G+智慧交通试点示范工程。

一是5G+交通管理，基于5G无人机、AR眼镜、5G警用头盔、5G巡逻车、5G铁骑等智能设备，通过布设流动"卡口"、移动监测点，实时监控道路交通运行状态，自动抓拍交通违章行为，第一时间反馈周边执勤警力快速处置。在交通事故突发现场，车辆驾驶人利用5G移动终端视频会议远程联系交通管理部门，处理和调解交通事故。

二是5G+共享车位，以提升城市资源利用率、缓解违法停车情况为目标，将社区内部、道路两旁等现有停车位在空闲时通过5G联合智能监控设备识别共享，并通过手机终端自动缴费，缓解因违法停车导致的交通拥堵问题。

三是5G+智慧机场，以建设"平安机场、智慧机场、效益机场"为主要抓手，结合机场实际业务需求，推进5G与机场远程急救医疗、周界安防监控、无人行李车、飞机进港指引等领域融合应用，助力打造"智慧机场"。

四是5G+BRT智能驾驶。基于5G+物联网，结合北斗与GPS定位系统，实现BRT车辆与站台协同运行，精准定位，准确停靠，便于乘客上下车。

五是5G+智慧交通解决方案产业培育,依托智慧交通建设工程,5G+智慧交通综合解决方案提供商,打造5G交通产业链优势。

4.1.6.7 5G+智慧政务示范应用工程

贯彻落实“互联网+政务”改革工作要求,推动5G与大数据、云计算、人工智能等技术的融合应用,增益“互联网+”手段与能力,开展5G+智慧政务试点示范工程。

一是5G+政务管理,发挥政府大楼5G网络先行布设优势,升级迭代政务人员移动办公终端,提升网络传输速率,依托掌上协同办公平台,深化机关效能建设,全面优化政务管理效率。

二是5G+政务服务,以提升群众“一网通办”体验感为目标,整合市民中心数据池资源,借力5G高速低时延传输技术,打造政务服务虚拟窗口,实现审批人对申请人的远程高精度信息采样,试点“不见面远程审批”政务服务模式。

三是5G+智慧政务云平台产业培育,依托政府智慧政务云平台,引导重点企业结合5G+视联网对智慧政务云平台进行升级改造,培育一批5G+智慧政务平台提供商,加快推进政府数字化转型。

4.1.6.8 5G+智慧健康示范应用工程

融合5G、物联网、人工智能、云计算和大数据等创新技术,推进全民健康医疗服务新模式、新业态发展,提升医疗卫生服务机构工作效率和服务水平,推动“健康城市”建设智慧升级。

一是5G+急救车,以医院急救指挥中心为基础,引入新型5G急救车,通过低时延、全覆盖5G通信网络实现车内实时救治情况、患者生命体征、病历信息、医疗设备信息等医疗数据以及车辆方位、路况等信息实时同步传输,提升急救机动性和急救能力,为抢救生命争取更多宝贵时间。

二是5G+远程诊疗,鼓励街道、乡镇等基层医疗机构与高等级医院建立诊疗合作通道与机制,基于5G通信、传感器和机器人技术,由医疗专家根据患者端的视频反馈信息,远程操控机器人开展超声、心电、病理检查等医疗服务,提升医疗服务可及性。

三是5G+移动诊疗车,围绕健康义诊服务需求,建设推广移动诊疗车,依托三甲医院等的优质医疗资源,为偏远山区提供远程健康咨询、远程专题疾病检查等服务,提高医疗服务下乡的便捷性,推动实现优质医疗资源下沉。

四是5G+医药卫生监管,围绕试点医疗机构,基于5G+物联网设备,针对疫苗、血液等开展供应链全过程温湿度环境监控,保障疫苗、血液质量;针对医疗废弃物开展供应链全过程数量、种类监控，避免医废重复利用、非法利用。

五是5G+医养结合体，协同养老院打造5G+智慧养老样板，开发健康监护及预警、安全监护、子女随时互动、辅助行动、防跌倒、机器人陪护、虚拟旅游等应用，打造涵盖生活照料、康复护理的“一站式”综合养老服务，建设国家级高端养老综合体。

六是5G+可穿戴健康设备产业培育，推动健康产业和时尚鞋服产业创新协作，研发基于5G网络的、适用于个人健康监测的穿戴式健康产品，培育一批可穿戴设备行业的创新型企业，推广一批高精度、高质量、高可靠的健康产品。

4.1.6.9　5G+智慧教育示范应用工程

利用5G技术，推动教育信息化生态环境建设，推进数字课堂、数字教室、数字校园、数字学习社区深入发展，实现教学资源下沉，促进教育均等化。

一是5G+未来教室，基于5G网络开发全息远程互动教学、双师课堂等应用，结合电子白板、VR眼镜等教学辅助设备，实现多个课堂同步授课，推进贫困村5G未来教室试点建设，实现城乡优质教学资源共享，促进教育均等化发展。

二是5G+未来校园，运用高清视频识别、智能感知等技术，实现远程听评课、远程巡课、巡考等应用，推动教学质量评价、教育管理智慧化、高效化；开展5G平安校园建设，通过视频监控、人脸识别、行为分析等，提高校园安全水平。

三是5G+未来学习社区，依托5G网络，发展网络学习社区，实现老师、学生、家长在线视频互动、无障碍沟通，利用4K/8K直播、录播教学，丰富学习资源，拓展学生学习渠道。

四是5G+虚拟教学，针对场景难以实现、教学培训成本高、风险大的项目，展开基于5G的教学培训创新，以高校、专科学校等为试点，开展VR手术模拟项目；以高风险企业等为试点，开展VR沉浸式消防培训项目，推动5G与专业教育培训的融合应用创新。

4.1.6.10　5G+未来社区示范应用工程

智慧社区是智慧城市的有机组成单元。结合智慧安防、智慧家居、垃圾分类、社区医养等场景，研发基于5G网络的产品和应用，打造“智慧社区”样板工程。

一是5G+社区安防，基于5G网络，依托高清监控摄像头、巡检记录仪，全面覆盖社区死角，基于人工智能等技术，推动主动安防，实现出入记录、异常告警、管理协同等高度集成化社区安防服务。

二是5G+社区医养，围绕居家照护、医疗照护、安全监测等需要，开发基于

5G 网络的健康监测、医疗急救、高清远程医疗诊断、居家安全环境监测、跌倒报警等社区服务应用，实现老人生活、健康数据实时上传和对老人需求的快速响应、合理干预。

三是 5G+智慧安居，依托未来社区试点，开展基于 5G 网络的智慧安居建设，引入儿童安全监控设备，精准感知儿童行为，预防高空坠落、儿童走失等事故发生；建立家庭安防系统，针对住户离家、熟睡等场景，阻止非法入侵，实时报警，减少家庭财物损失。

四是 5G+智能垃圾分类，发挥本地物联网企业优势，研发垃圾分类智能设备、应用，实现随时随地垃圾分类识别，提高居民垃圾分类效率，推动社区垃圾监控、溯源，有效监管垃圾乱丢、乱放现象，提高监管效率。

五是 5G+家居智造产业培育，重点围绕智能门锁、智能开关、智能垃圾箱、智慧灯杆等场景，扶植一批智能家居智造领域的创新型企业，推广一批高精度、高质量、高可靠的智慧家居产品。

4.2　人工智能+智慧应用

4.2.1　工智能概述

人工智能（Artificial Intelligence，简称 AI）是一门利用计算机模拟人类智能行为科学的统称，它涵盖了训练计算机使其能够完成自主学习、自主判断、自主决策等人类行为的范畴。机器学习、深度学习是人工智能技术的两个重要分支。简单来说，机器学习是实现人工智能的一种方法，深度学习是实现机器学习的一种技术。机器学习使计算机能够自动解析数据、从中学习，然后对真实世界中的事件做出决策和预测。深度学习是利用一系列“深层次”的神经网络模型来使计算机能够解决更复杂问题的技术。

人工智能技术是继蒸汽机、电力、互联网革命之后最有可能带来新一次产业革命浪潮的技术，在当前数据大爆炸的时代，在基于神经网络模型的先进人工智能算法与更加强大、成本更低的计算能力的共同促进下，人工智能的发展已突破了在一些重要的商业领域应用效果的瓶颈，人工智能技术的应用场景也在各个行业逐渐明朗，开始带来降本增益的实际商业价值，形成了各行各业纷纷融入人工智能技术的发展趋势，形成了 AI+的时代。

中国的城市建设经历 20 世纪 90 年代至今的高速发展，城市建设目标已经从单纯追求规模和经济效益开始转向对生态、人文和可持续性等全方位的价值追求，尤其强调以人为本的发展目标，城市向着越来越“智慧化”发展。随着人工智能技术条件越来越成熟，城市的管理开始逐渐形成以大数据为基础，以人工智能为驱动的城市决策机制。从顶层设计着手，自上而下的“AI 化”将使城市功能和产业转型的效果更加显著[4]，为城市创造更多商业和人文价值，最终形成一个多元化的智慧生态城市系统。图 4-1 为 AI 应用场景概览。

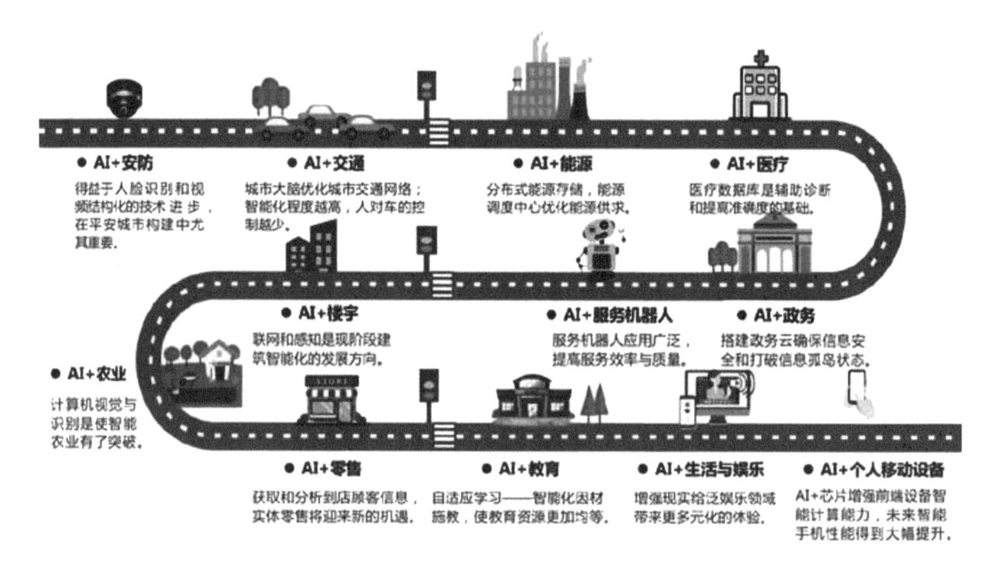

图 4-1　人工智能应用场景概览

4.2.2　AI 视频监控系统

建设城市视频监控系统是实现城市安全和稳定的重要物质基础，是“智慧城市”建设的重要组成部分。它不仅可以满足城市治安、城市管理、城市交通、应急指挥等公共需求，在预防、发现、控制、打击违法犯罪，提供破案线索，固定违法犯罪证据等方面也发挥人防、物防所不可替代的作用，对于提升城市可视化管理水平和应急处置能力，维护城市公共安全具有十分重大的意义。

传统的视频监控系统解决了视频的录制、存储和回放功能，但无法准确识别、定位和查找视频中特定的人、车、物等目标信息。目前，要实现全方位的实时监控，指挥调度，或者在视频录像中查找可疑目标，还必须依靠大量的工作人员时刻紧盯屏幕，监视所有摄像机的实况视频，以及回放相关视频录像。这显然需要耗费大量人力，而且难免会因为疲劳和疏忽，而错漏掉某些稍纵即逝的重要信息。

而利用人工智能视频识别技术在视频内容的特征提取、内容理解方面的天然优势，对监控画面中感兴趣的目标视频自动进行人工智能分析，自动提取可疑的人、车、物等目标信息，从而能够实现特定目标的快速定位、查找和检索。利用强大的计算能力及分析能力，人工智能可对需要查找的嫌疑人的信息进行实时分析和人脸比对，可将特定目标人的行动轨迹锁定范围由原来的几天，缩短到几分钟，为案件的侦破节约宝贵的时间。

随着 AI 技术的发展，AI 视频监控所用到的检测、识别、跟踪等技术已经达到了很高的精度，已经开始广泛应用在人脸检测与识别、行人检测与跟踪、行为姿态分析、车辆检测识别、图像增强等几大主要领域。

AI 视频监控主要应用场景包括以下几个。

1）多维人像识别

利用人脸识别摄像机的智能人脸检测技术，对在城市道路、广场、娱乐场所及各类重点场所的人员进行人脸识别。从而实现对特定人员的实时布控、高危人员比对方面的业务应用。

例如可分析统计特定区域内人员出现的频次，对长期在某个区域停留或徘徊的人员进行重点监控，在应对扒窃、黄牛等行为分析中提供有力研判手段。还可分析某些嫌疑人在作案过程中是否有犯罪同伙或目击证人，分析嫌疑人常去的落脚点等。

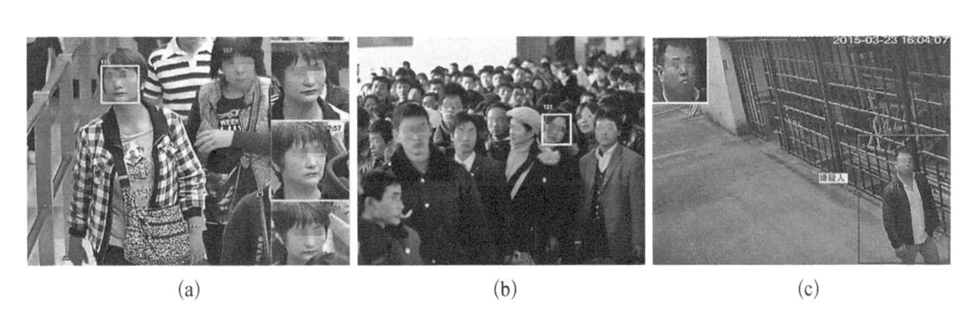

(a)　(b)　(c)

图 4-2　多维人像识别

(a) 频次统计　(b) 同行分析　(c) 落脚点研判

2）多维度轨迹跟踪

通过在城市不同区域布控人脸识别相机，或配合其他感知设备，例如 MAC 地址嗅探等，结合大数据分析技术，可以获取特定人员或车辆在一定时间内的活

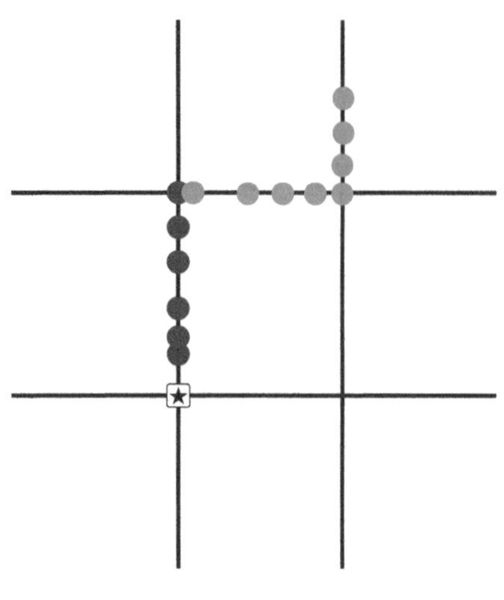

图 4-3　多维度轨迹跟踪

动轨迹信息。

3）智能化布控和预警

智能化布控和预警主要针对交通枢纽、重要城市单位等对危险人员或车辆进行提前布控。首先通过可在地铁站、码头、汽车站等城市出入口的地带部署人像卡口，对进出站的人员或车辆进行抓拍识别。当指挥中心收到危险人员或车辆的预警信息后，可将相关信息下发到 AI 视频监控系统进行实时的分析比对，一旦高危人员或车辆出现，可立即向指挥中心发送告警信息，指挥中心可马上将预警的位置信息通过警务终端下发给最近的警员进行管控。

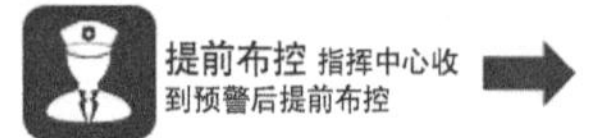

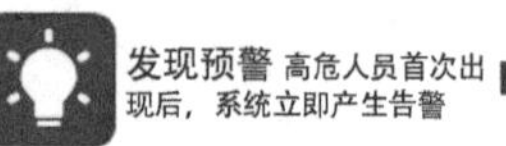

图 4-4　智能化布控和预警

4）人群拥堵及滞留监测

人群拥堵监测和滞留监测是根据被监测地区的视频进行实时分析，并对其进行人群分割，将人体、人群和背景进行分割，识别出人体和人群，从而可以统计场景中的实时人数。同时根据人群和人体之间的关系，估计各区域的人群密度，同时识别出有人群长时间滞留的区域，一旦区域人群密度过高或滞留时间过长，则及时告警。

图 4－5　人群拥堵和滞留监测

4.2.3　人工智能赋能医疗各环节能效初显

近年来随着医疗数据数字化深入、深度神经网络学习算法突破以及芯片计算能力提升，人工智能在医疗领域应用掀起第二次浪潮，已渗透到疾病风险预测、医疗影像、辅助诊疗、虚拟助手、健康管理，我国 2016 年以来国务院及相关部委相继印发《关于促进和规范健康医疗大数据应用发展的指导意见》《新一代人工智能发展规划》《“十三五”卫生与健康科技创新专项规划》《关于促进“互联网＋医疗健康”发展的意见》等文件规范和引导人工智能技术在医疗领域应用，新版《医疗器械分类目录》中增加了人工智能医疗产品，并制定了相关检定标准。从应用效果来看，人工智能技术在以患者为中心的医疗环节中的应用尚处于初级阶段，产品以试用为主，存在同质化程度高、集中度高、使用效果与医生患者预期不符等问题。在医药、医保、医院环节则更多是面向企业、医疗机构用户，业务模式相对成熟，主要考验的是供给侧的技术能力。2018 年以来人工智能医疗应用发展更加理性，一些公司不断大胆尝试，在商业化道路上逐步探索出不同模式。统一标准、开放平台，推动人工智能与医疗深度融合。BAT 等互联网企业利用自身平台特点与优势布局，如具备 AI 医学图像分析和 AI 辅助诊疗两项核心能力的腾讯觅影入选科技部首批国家人工智能开放创新平台，2018 年 6 月 AI 辅诊引擎接口开放，加速与医院的 HIS 系统融合。

通过 AI 赋能，提升传统医疗诊断服务水平。通用电器、西门子、飞利浦以及中国的联影、迈瑞、鱼跃等医疗器械用品制造公司凭借临床经验和数字化、AI 等技术，在已有的医疗产品基础上不断推出整合的解决方案，以更低的成本提供健康保障。如飞利浦基于人工智能，相继研发肿瘤疾病整体解决方案、胸痛中心整体解决方案、睡眠呼吸疾病整体解决方案等。

AI 助力推动新型药物研发。药物研发具有低效和费时费钱特点，一种新药研发费用超过 1 亿美元，周期长达 8—12 年，同时还需要药物化学、计算机化学、分子模型化和分子图示学等多学科配合，因此在人工智能医疗应用中最具挑战性。目前部分科技公司利用人工智能技术对大量分子数据进行训练来预测候选药物，并分析健康人和患者样品的数据以寻找新的生物标志物和治疗靶标，建立分子模型，预测结合的亲和力并筛选药物性质，有效降低药物开发成本，缩短上市时间并提高新药成功的可能性。如 BergHealth 公司利用人工智能技术成功找到了癌症代谢的关键作用分子，提升癌症新药研发效率，其主要抗癌药物 BPM31510，目前处于针对晚期胰腺癌患者治疗的 II 期临床试验过程中。

智能化监管，越来越成为各国医保监管机构的必然选择。智能化监管结合时间和空间，从患者、疾病、诊疗、医生、医院等多个维度建立医疗就医关系网络，利用机器学习等相关算法，识别其中的欺诈行为和群体。

4.2.4 智能教育加速推进教育教学创新

当前人工智能、大数据等技术迅猛发展，教育智能化成为教育领域发展的方向。智能教育正在改变现有教学方式，解放教师资源，引发教育理念与教育生态的深刻变革。当前全球主要发达国家均在加速推进教育教学创新，积极探索教育新模式，开发教育新产品。

在改变现有教学方式方面，一是实现教学成果智能测评，提升教学质量。利用人工智能技术对数字化、标准化的教师教学行为与学生学习情况进行测试、分析与评价，帮助师生快速精准定位教学问题，实现针对性、科学性教学，提升教学效果。二是构建个性化学习系统，激发学生自主学习动力。教育企业探索通过对学生学习特点建立知识画像，推送针对性教学内容，进一步激发学生自主学习意愿。

在解放教师资源方面，一是实现作业智能批改，降低教师教学负担。借助图像识别与语义分析技术的持续革新，学生作业自动批改能力已初步实现，2018 年 4 月，安徽省教育厅发布《安徽省中小学智慧校园建设指导意见》，明确 2020 年将建成作业测评系统，实现学生作业自动批改。中国信通院移动互联网应用服务监测平台数据显示，截至 2018 年 4 月，提供作业自动批改功能的移动应用已有 95 家，主要聚集在小学速算领域，其中爱作业应用日活用户数超过 20 万，日均处理作业 50 万份。二是拓展学生课后学习途径，分担教师教学压力。教育企业通过构建课后习题库并结合图像识别技术，实现对学生上传题目快速识别，即时反馈答案与解题思路。伦敦教育机构 Whizz Education，探索构建与课堂教学进度高度一致的课后学习系统，通过在线语音互动方式，实现学生课后辅导与答疑。

智能教育或将对教育理念与教育生态引发深刻变革。一是教育学科不断扩充。当前，国内外大量学校已将计算机编程、算法设计等课程纳入中学课本中。与此同时，国内外大量企业推出模块化机器人，通过配套化、可视化操作系统，辅助学生实现编程学习。二是教育场景实现突破。VR/AR 技术使原本抽象、微观、平面的课本具体化、宏观化、立体化，解决教学缺乏互动性等问题，进一步激发学生创新潜能。当前，谷歌、Facebook、百度、网易等国内外互联网巨头积极布局 VR 教育领域，将带动教育产业实现颠覆性变革。

4.2.5　智能交通优化城市交通秩序

1）在城市交通中的应用

人工智能在城市交通中的应用如下。

一是优化城市道路网络中交通流量。

二是大数据分析公众资源数据，合理建设交通设施。人工智能算法根据城市民众出行偏好、生活、消费等习惯，分析城市人流、车流迁移及城市公众资源情况，基于大数据分析结果，为政府决策城市规划，特别是为公共交通设施基础建设提供指导与借鉴。

三是实时检测车辆，提高执法效率。通过整合图像处理、模式识别等技术，实现对监控路段的机动车道、非机动车道进行全天候实时监控。前端卡口处理系统对所拍摄图像进行分析，获取号牌号码、号牌颜色、车身颜色、车标、车辆子品牌等数据，并连同车辆的通过时间、地点、行驶方向等信息通过计算机网络传输到卡口系统控制中心的数据库中进行数据存储、查询、比对等处理，当发现肇事逃逸、违规或可疑车辆时，系统自动向拦截系统及相关人员发出告警信号。

车主体验方面，主要是汽车辅助驾驶和无人驾驶。车辆辅助安全驾驶系统包括车载传感器、车载计算机和控制执行等，车辆通过车载传感器测定与周围车辆以及道路设施及周边环境距离。在遇到危险的情况下，做出对应的安全保障措施。无人驾驶车辆自动驾驶系统，在行驶过程中可以自动导向、自动检测及回避障碍物。

2）城市发展中的应用

城市发展方面的应用主要表现在以下几个方面。

一是节能环保。智能交通系统实现节能减排效应，通过建设智能交通系统，有效提高现有道路交通网络运行效率，达到缓解拥堵、节约能源、减轻污染的目的，通过智能交通控制，最终实现减少废气排出量并对节能环保做出重大贡献。

二是降低事故。采取智能交通技术，提高道路管理能力，减少每年交通事故死亡人数。当前，世界各发达国家投入大量财力与人力，进行大规模智能交通技术研究试验及产业应用，很多发达国家已转入全面部署阶段。

4.2.6 人工智能提升公共安全保障能力

人工智能已应用在社会治安、防暴反恐、灾害预警、灾后搜救、食品安全等公共服务领域，通过人工智能可准确地感知和预测社会安全运行的重大态势，提高公共服务精准化水平，保障人民生命财产安全。从应用的深度和广度来看，全球人工智能在公共服务领域还处在探索期。

在社会治安领域，人工智能已应用于警方侦查过程，为警方破案提供重要线索。依托安防行业的基础，犯罪侦查成为人工智能在公共安全领域最先落地的场景。基于计算机视觉技术在公共场所安防布控，可以及时发现异常情况，为公安、检察等司法机关的刑侦破案、治安管理等行为提供强力支撑。

在反恐反暴领域，人工智能在打击恐怖分子、排除炸弹等领域可发挥重要作用。美国建立的禁飞系统能预测恐怖袭击的可能性，大数据系统每天都会传输犯罪预测数据到执勤警员的执勤电子设备中，预测型侦查已经广泛开展。此外反恐机器人能对可疑目标自动探测与跟踪，并拥有对目标远程准确打击的能力，在打击恐怖分子、协助军方反恐等领域可发挥重要作用。在我国，由哈工大机器人集团研制的武装打击机器人、侦察机器人、小型排爆机器人已应用于反恐安全、目标探测、可疑物检查与打击、路边炸弹排除、危险物质处理等领域。

在灾后救援领域，人工智能在高效处置灾情，避免人员伤亡方面发挥关键作用。不管是自然灾害之后的搜救，还是日常救援行动，随着人工智能融合，可快速处理灾区航拍影像，并借此实时向救援人员提供重要的评估与规划性指导，不仅保障自然环境、群众生命财产安全，同时能够最大限度地减少救援人员的牺牲。比如日本总务省消防厅推进开发的“机器人消防队”，由自上空拍摄现场情况的小型无人机、收集地面信息的侦察机器人、可自动行走的水枪机器人组成。美国国家航空航天局 NASA 推出的 AI 系统 Audrey，通过消防员身上所穿戴的传感器，获取火场位置、周围温度、危险化学品和危险气体信息，为消防人员提供更多的有效信息和团队建议，最大限度地保护消防员的安全。在我国，灭火、侦查、排烟消防机器人技术和产品已相对成熟，并已经进入了实际作战，在高效处置灾情、避免人员伤亡并减少财产损失等方面发挥着越来越重要的作用。此外国家地震台研制的“地震信息播报机器人”，在 2017 年 8 月 8 日四川九寨沟地震期间，仅用 25 秒便写出了全球第一条关于这次地震的速报，通过中国地震台网官方微信平台推送，为地震避灾、生命救援和消息传递争取了时间。此外，在食品安全、大型活动管理、环境监测等公共安全场景，利用人工智能技术可以减轻人工投入和资源消耗，提升预警时效，为及时有效处置提供强力支持。

4.2.7　人工智能拓展金融服务广度和深度

人工智能已被广泛应用到银行、投资、信贷、保险和监管等多个金融业务场景。目前，传统金融机构、大型互联网公司和人工智能公司纷纷布局金融领域，智慧银行、智能投顾、智能投研、智能信贷、智能保险和智能监管是当前人工智能在金融领域的主要应用，分别作用于银行运营、投资理财、信贷、保险和监管等业务场景，但整体来看人工智能在金融领域的应用尚不成熟。应用在金融领域的人工智能相关技术主要包括机器学习、生物识别、自然语言处理、语音识别和知识图谱等技术。目前的应用场景还处于起步阶段，大部分是人机结合式的，人工智能应用对金融业务主要起辅助性作用。但金融业务场景和技术应用场景都具有很强的创新潜力，长远来看，在金融投顾、智能客服等应用方面对行业可能产生颠覆性影响。

智能投顾应用。智能投顾主要指根据个人投资者提供的风险偏好、投资收益要求以及投资风格等信息，运用智能算法技术、投资组合优化理论模型，为用户提供投资决策信息参考，并随着金融市场动态变化对资产组合及配置提供改进的建议。智能投顾不仅在投资配置和交易执行能力上可以超越人类，还可以帮助投资者克服情绪上的弱点。工商银行、中国银行等国有银行也纷纷推出智能投顾服务，花旗银行预计到 2025 年智能投顾管理的资产总规模将会高达 5 万亿美元。伴随着人工智能神经网络、决策树技术的不断迭代创新和发展，智能投顾在金融业中将会进一步得到应用和发展。

智能风控应用。人工智能技术在智能风控方面的应用发展较快，随着互联网金融的快速发展，如蚂蚁金服、京东金融等不少金融机构和互联网金融公司大力发展智能信贷服务。智能风控主要依托高维度的大数据和人工智能技术对金融风险进行及时有效的识别、预警和防范。金融机构通过人工智能等现代科技手段对目标用户的网络行为数据、授权数据、交易数据等进行行为建模和画像分析，开展风险评估分析和跟踪，进而推测融资的风险点。根据某些可能影响借款人还贷能力的行为特征的先验概率推算出后验概率，金融机构能够对借款人还贷能力进行实时监控，有助于减少坏账损失。

智能金融客服应用。对于处在服务业价值链高端的金融业而言，人工智能技术将对金融领域中的服务渠道、服务方式、风险管理、授信融资、投资决策等各个方面带来深刻的变革式影响，成为金融行业沟通客户、发现客户需求的重要决定因素。目前，交通银行、平安保险等金融机构已经开始运用人工智能技术开展自然语言处理、语音识别、声纹识别，为远程客户服务、业务咨询和办理等提供有效的技术支持，这不仅有效响应客户要求，而且大大减轻人工服务的压力，降低可疑交易、违约和网络攻击等风险，提升风险管理水平。对消费者与投资者来说，人工智能降低消费者和投资者金融服务成本，促进其获得更广泛金融服务；通过智能数据分析把握每位消费者或投资者消费偏好，便于提供更多定制化与个性化金融服务。

4.2.8 智能家居助力打造智慧家庭

人工智能在家居领域的应用场景主要包括智能家电、家庭安防监控、智能家居控制中心等，通过将生物特征识别、自动语音识别、图像识别等人工智能技术应用到传统家居产品中，实现家居产品智能化升级，全面打造智慧家庭。智能家居产品已相对成熟，未来市场发展空间巨大。

一是打造智能家电终端产品。通过图像识别、自动语音识别等人工智能技术实现冰箱、空调、电视等家用电器产品功能的智能升级，促进家用电器控制智能化、功能多元化，提升家用电器的使用体验。如澳柯玛与京东联合研发推出的一款智慧大屏互联冰箱，内置摄像头可自动捕捉成像，基于图像识别技术自动识别 120 多种食材，为用户建立食材库，实现食物自动监测，并可跟踪学习用户习惯，为用户智能推荐食谱。长虹推出的 Alpha 人工智能语音空调，搭载智能语音控制模块，通过自动语音识别技术，实现 6 米内语音交互、全语义识别操控，高效识别及语音操控准确度达到 95%以上。

二是实现家庭安防监控。基于图像识别、生物特征识别、人工智能传感器等技术实现家庭外部环境监测(如楼宇)、家庭门锁控制(如智能门锁、猫眼)、家庭内部环境探测(如空气质量、烟雾探测、人员活动等)等功能。如 LifeSmart 云起与英特尔合作打造的人脸识别可视门锁，通过摄像头采集含有人脸的图像或视频流，自动在图像中检测和跟踪人脸，基于人的脸部特征信息进行身份识别，实现人脸识别、远程可视、智能门锁的联动防御。斑点猫的智能猫眼产品人脸识别综合准确率可达到 99.6%，采集家人信息后，智能猫眼会迅速识别出家人，并进行家人回家信息播报，构建温馨的智能家居生活场景；而如果陌生人到访，智能猫眼会进行陌生人报警提示，并可识别多种人脸属性，将年龄、性别等信息发送到用户手机，让用户及时应对，构建安全的家庭外部环境。

三是打造智能家居控制中心。基于自动语音识别、语义识别、问答系统、智能传感器等人工智能技术，开发智能家居控制系统（整体解决方案），实现家电、窗帘、照明等不同类型设备互联互通，从简单的设备开与关，逐步走向智能化、便利化、个性化设定。当前智能家居控制中心具有 App 控制、智能设备控制（如智能音箱）和智能机器人控制三种控制模式。

4.3　区块链＋智慧应用

4.3.1　区块链概述

随着区块链技术取得实质性的突破，真正意义上的智能化技术逐渐具备，区块链技术正在为城市数据的可信流转提供更低成本、更高效的解决方案，基于区块链技术打造的新型智慧城市应用试点在世界范围内开始进行落地测试，为智慧城市建设解决“疑难杂症”[5]。

区块链技术与多方面创新结合，对推进城市智慧城市建设具有重要作用，最终达到民众服务更加便捷、城市监管更加精细、产业体系更加优化、发展机制更加完善。

1）推动城市经济市场转型

本着“深化开放改革、扩展对外开放格局”的要求，将区块链技术与市场优势结合，融合发展“一带一路”，加强跨境电商生态建设、推动市场转型，推动城市经济增长。

2）深入城市改革开放建设

探索“区块链＋”在民生领域的运用，从“一网通办”向“一网统管”“一网通服”有力延伸，推动区块链技术在城市教育、就业、养老、精准脱贫、医疗健康、商品防伪、食品安全、公益、社会救助等领域的应用，用国际一流标准打造营商环境高地，为人民群众提供更加智能、更加便捷、更加优质的公共服务。

3）推动城市数字化进程

有效建设“链上城市，智慧城市”城市规划，从政务、民生等领域出发，利用区块链技术探索数字经济模式的创新，推动城市数字化建设，最终为数字经济发展提供动力。

4）打造基于区块链的城市标杆

推动区块链底层技术服务和新型智慧城市建设相结合，探索在信息基础设施、智慧交通、能源电力等领域的推广应用，提升城市管理的智能化、精准化水平。加强部门协作，建立以数据共享、资源开放、部门联动、社会共治为基础，面向个人、企业、社会组织和政府部门，集信息公开、网上办事、联动监管、精准服务于一体的政务服务体系，打造基于区块链的城市标杆。

城市政府和人民宜充分认识推进政府数字化转型的重大意义，进一步提高思想站位，切实增强责任感和紧迫感，以改革创新精神加快推动政府数字化转型，通过政府组织优化与流程再造，重构政府与市场、社会的关系，让政府治理更精准、更有力、更高效。

4.3.2 政务综合服务平台

现行政务数据共享平台采取的方式大多为中心化的数据共享，当民众来政务门户平台办理某个政务事项，中心化的共享平台依据事项的材料清单向各个部门取数据，或是各个部门定时向中心来推数据，解决政务数据共享难题。而中心化的数据共享方式将会带来数据主导权、数据隐私等问题的争议，基于区块链的可信数据共享交换平台，能很好地与现有中心化的大数据共享平台结合，通过区块链的密钥机制与可追溯不可篡改的特性，解决“是谁的数据”“共享给谁”“共享什么数据”等数据安全隐私问题。同时，更好地实现“最多跑一次”的目标，为人民提供更便利的服务。

1）数据共享

数据共享平台是基于区块链技术的数据与业务协同平台，旨在解决政府多机构、跨系统间协作信任与协同成本的问题。平台以可交互、可配置的形式组织串联多方数据与流程，降低开发难度，减少协同成本，确保政府机构间能以确权数据实现价值互通，以此赋能智慧政务发展，助推政务一体化进程。体现在四个方面：

（1）在数据共享方面。引入区块链作为可信的基础设施，允许机构各自存储数据，提供数据适配机制，支持多类数据接入。利用区块链记录机构各自存储的数据指纹，并通过智能合约及加密机制保护共享数据的访问及调用权限。能将数据交换记录、业务流程规则等关键信息存储至区块链，保证业务与数据协同的安全可信、公正公开，明确各政府机构责任划分以及数据权责问题。

(2) 在业务协同方面。引入分布式流程引擎以及配套的消息中间件。允许用户通过平台提供的可交互方式进行编排可复用业务处理流程,实现跨部门的高效业务协同。区块链保证流程的编排、录入及执行,从而降低信任成本,使跨部门流程制定变得高效快捷。

(3) 多重加密机制,保证权限控制。基于层级、角色与流程等访问权限由智能合约进行严格控制,拥有权限的成员才能查阅与调用数据,保护政府部门之间的数据交换隐私。

(4) 数据可用不可见,保证数据隐私安全。基于区块链的数据共享,通过隐私模型计算方式,可以做到数据不出库实现本地的数据共享,满足各个政府机构的系统中存在敏感隐私数据不能共享的难题,保证数据的安全隐私。

基于区块链打造的政务综合服务平台,有利于推进政府数字化转型,是“最多跑一次”改革的延伸和提升,是新时代政府加强自身建设的重要内容。同时,数字共享和数字身份识别,能够帮助政府打破数据孤岛的窘境,实现不同企业间的协作以及用户身份的唯一性,在分享同时确保用户身份和数据的安全性,同时完成政府政务公开标准化。

2) 数字身份

城市致力于推动实体市场叠加数字贸易、连锁分销、第三方服务等新业态,而数字新业态的形成需要做到数据的沉淀,所有身份信息和数据交易、服务信息上链。通过区块链+数据共享可以打破部门间的信息孤岛,同时建立用户的数字识别身份,确保信息的可追溯可信赖,以及规范化。

数字身份体系主要是将现有的账号体系在区块链中留档,为该账号分配与其身份对应的密钥,并提供对应的签名及验签机制。当用户需要在该系统上进行隐私级别较高的操作时,通过用户密钥进行签名来保障其操作的真实性,进一步保障安全。

(1) 数字身份标定。政府牵头建设数字身份系统,建立并记录实际管理员身份与数字身份的绑定关系。通过区块链进行身份绑定关系的共享,保证绑定关系一旦建立不可篡改、多方可验证,形成互信社会网络的基础组件。

(2) 用户行为认证。在涉及敏感操作时,用户需要通过数字身份对操作进行确权和授权,通过电子签名机制和区块链身份共享机制,任意第三方可以便捷验证,从而保障数据共享的安全性、可追溯性和可审计性。

数字身份在区块链技术价值具体如下。

一是加强数字身份的真实性,协议监管审计。利用区块链不可篡改、多方见证的特性对数字身份信息进行存证，从而保证所有身份信息记录真实可信，当出现争议或者政府需要审计身份数据时，可以利用区块链上存储的数据交换记录，对数据进行比对核验，从而保证监管及信息核对工作的可信开展，明确各方权责。

二是响应城市打造“数字城市”的号召。同时，链上的数字身份认证和数字共享平台响应城市“发展数字经济”一号工程。加快城市数字化赋能，推动“智能＋”“智慧＋”，实现数字经济核心产业增长。

3）企业管理平台

“放管服”改革后，出现部分不法人员利用商事登记便利化之机骗取工商登记，从事虚开发票、金融诈骗、出口骗税等违法行为，严重扰乱市场经济秩序。因此，通过建立基于区块链的跨境电商公共监管中心和企业监管平台，可以推进城市进出口贸易的安全合法发展，进一步优化市场准入，强化事中事后监管机制，营造国际化法治化便利化营商环境，推进全区经济社会健康持续发展。按照“聚集数据，分析风险，监管联动”的思路，完善提升企业监管平台，构建以智慧监管、信用监管为核心的现代监管体系。

企业管理平台的区块链技术可实现下述价值。

(1) 实现跨机构协作。区块链可以改变传统的业务协作模式，从依靠基于业务流的低效协同升级为不依靠任何中介节点但是由平台保证基本业务流程的低成本、高效率、高可信协作系统。同时大幅度降低单点业务复杂度，任何机构只需要关心自身业务逻辑即可。

(2) 引入智能合约，降低欺诈风险。数据以合约的形式存储在区块链上，现场人员分别录入自己在现场观察到的数据，并同步给机构，机构可以根据数据对不法分子进行处理。像这样通过智能合约控制跨部门联动机制的业务流程，减少重复性劳动，数据能及时地被多方获知，可以提升协作效率。同时智能合约事先约定好业务自动执行，减少人为失误和违规操作，能一定程度上降低欺诈风险。

(3) 低成本快速接入。传统模式下，不同机构业务系统之间协作的话，需要系统之间两两对接。如果该合作关系中需要新增一个机构，该机构需与现有的所有系统进行对接，成本比较高；如果使用区块链技术，该新增机构只需部署区块链节点，然后与区块链节点进行对接即可，可实现更低成本的快速接入、动态拓展。

(4) 隐私保护。为了使机构之间在保障自己业务数据隐私安全的前提下进行协同合作，在隐私保护方面，Hyperchain 区块链平台提供 Namespace（分区共识）机制，可以根据对应的业务规则和场景设置分区，实现业务隔离和隐私保护。

4）司法存证

司法服务是一项极为重要的公共基础服务，事关民生、经济、政务等多个重要领域。良好的司法环境、高效的司法效率能够最大程度保障人民权益、营造良好的经济发展氛围、促进政务工作高效开展。区块链可望达到下述预期：

（1）纸质凭证电子化。业务方可将纸质凭证转化为电子凭证，节约纸张成本。

（2）电子凭证防篡改。基于区块链进行电子凭证的存储与校验，有效防止电子凭证被篡改，发生纠纷时可直接进行追责。

（3）系统可灵活拓展。基于区块链底层技术构建可信存证区块链系统，后续业务拓展只需与区块链对接，拓展性较强。

（4）多方协同。多方协同，随时调用，实现方便、快捷的可信电子存证。

4.3.3　数字经济综合服务平台

基于区块链打造的数字经济综合服务平台，将核心企业信用辐射至中小微企业，解决中小微企业融资问题。同时，数字仓单、商品溯源和跨境贸易平台相辅相成，打通物流、溯源、仓单存贮和商品进出口。

4.3.3.1　应收账款

城市紧跟国家政策，落实“一带一路”，致力于发展跨境供应链；同时着力推动商城集团向综合服务商转变。强化仓储、短驳物流、供应链金融等服务，为中小企业提供融资便利。

1）中小企业融资遇到的困难

（1）中小企业融资难、融资贵。根据工信部最新数据，2021 年中小微企业对国民经济贡献呈现出“5678”特征，即税收贡献超 50%、GDP 占比超 60%、发明专利占比超 70%、创造城镇就业岗位超 80%。由于小微企业可能出现的资产负债率高，银行无法有效识别企业发展潜力，抵押条件苛刻，资本市场准入门槛高，信用担保体系不健全等原因，普遍存在融资难、融资贵的问题，是典型的长尾效应。

（2）产业链条信息不透明。在整个产业链中，各个参与企业间的 ERP 系统并不完全互通，除了核心企业和一二级供应商外，其他中小企业的信息化程度较低，贸易信息无法做到实时共享，交易的真实性难以有效校验，进一步增大了向金融机构获取授信支持的难度。

(3) 核心企业信用堰塞。核心企业有充沛的信用资源,但是在多级供应商模式中,传统的保理、应收账款质押、票据贴现等应收类供应链金融模式只能满足核心企业上游的一级供应商的融资需求,而核心企业的信用无法传递给需要一级之后的供应商,这些中小企业无法依托核心企业的信用进行融资。

2) 通过区块链技术可以达到的预期效果

(1) 解决供应商融资难问题。盘活供应商的应收账款,例如原本存在 6 个月账期的应收款,可以在支付一定利息的情况下立即拿到现金,缓解中小企业的融资难、融资贵的问题,助力中小企业扩大生产。

(2) 核心企业获得更长的账期,降低采购成本。核心企业配合资金方,供应商做应收款的确权,以解决供应商的融资问题,可以跟供应商协商延长账期,如将原本 3 个月的账期延长为 6 个月。同时,供应商所产生的高资金成本会转嫁到核心企业采购成本上,这部分成本对应通过区块链平台降低了。

(3) 保理商批量获客。为核心企业的供应商提供服务,为其一级、二级、三级直到 N 级的供应商提供服务,则相当于批量获客。

(4) 解决产业链条不透明问题。应收账款电子凭证可转让支付,可拆分,使得应收账款电子凭证可以在整个供应链上流转。资金方、开具方可以看到凭证流转的完整轨迹。通过区块链分布式记账方式,每个参与节点保存一份全量账本信息,且各节点之间可通过区块链网络高效协同。

4.3.3.2 数字仓单

通过区块链联合仓储、物流公司以及保险、质检机构,保证货物的全流程监管,仓单及交易信息全上链。有利于促进城市的数字化转型,推动城市"一带一路"海外建设。通过基于区块链的数字仓单,可以解决下述问题。

(1) 杜绝仓单造假。底层物联系统保证货物的全流程监管,仓单及交易信息上链,确保资金安全。

(2) 防止仓单重复融资。物联与仓储系统保证实物资产上链真实性,区块链保证仓单唯一性。

(3) 促进商品流通。手续简便,线上完成仓单所有权变更,降低企业成本,促进商品流通。

(4) 扩大仓单市场。允许非标商品交易,为中小企业仓单流通提供渠道,允许更多仓储公司接入,扩大业务覆盖度。

4.3.3.3 商品溯源

商品更新速度快,市场经营户每月更新商品,因此,确保商品质量,追踪商品从原材料生产到最后销售的全过程也是重中之重，通过区块链建立统一的生产、流通、品质、定价标准。通过基于区块链的商品溯源技术，可以解决下述问题：

(1) 加强质量监管，形成统一标准。区块链技术具有多方共识，共同验证，数据一经上链不可篡改的特点，这天然的有利于监督管理部门对行业生产制造流程进行监管。相对于传统大量依靠人工参与的生产数据上报过程，利用物联网设备进行自动化的数据采集上报，能够大大提高篡改上报数据的难度。

(2) 消费者增信。一码溯源，全流程信息可见：消费者端可以通过扫描商品包装上的二维码，一键获得该产品的全流程关键数据，提升消费者信任感。

标准完善，品质提升：通过云商品溯源平台不断建立和完善行业标准，引入政府的市场监管，并将这些建立、完善的标准、政府的监管信息融入消费者可见、可查的产品信息中，提升消费者对品牌的信任度。

4.3.3.4　跨境贸易

1) 城市跨境贸易

随着全面深化改革，“五个一”工程、三大廊道建设扎实推进，国际贸易综合改革试验区框架方案成功获批，跨境电商综试区等改革举措加速落地。然而，城市跨境贸易面临下述问题。

(1) 投资和贸易不自由。由于跨境贸易中存在国家之间关税和数量的限制，使得跨境贸易的商品难以自由流动。然而现代世界经济逐渐一体化，且中国本就属于第一进出口贸易大国。通关手续复杂、检测和测试重复、货物配额限制等一系列问题造成了投资和贸易的不自由。

(2) 产业环境“低散乱”，安全生产领域风险隐患。“低”是指无证无照、无安全保障、无合法场所、无环保措施等的供应商企业；“散”是指不符合城镇总体规划、土地利用规划、产业布局规划的厂商企业；“乱”是指违法违规建设、违规生产经营的经销商和生产厂商企业。

(3) 海关监管困难。海运＋陆路物流，承担了绝大部分跨境贸易交易量，因此周期长、多次转手，都增加了货物数量、安全性和质量保证的监管困局，经常出现物流运输方和贸易方相互指责，却无法追踪确权的问题。

(4) 贸易融资重复。由于各金融机构都是独自展开业务，贸易项下涉及物流、资金流、信息流，其交易链条长，涉及范围广，现有处理过程中主要依赖线下纸质单据的运转，且人工干预过多，运转效率较低，操作风险较高。另一方面，由于各金融机构的信息不共享、不对称，核验成本高、融资信息不完整，导致重复融资的发生且监管难度很大。

2）区块链商品溯源技术

通过基于区块链的商品溯源技术，可以达到下述目标。

（1）提高协作效率。传统进出口贸易，处理过程中主要依赖线下纸质单据的运转，且人工干预过多，运转效率较低，操作风险较高。且通关手续复杂，检测和测试重复。可以搭建相关业务交易平台，单据流转线上化电子化，业务节点的主观审批反馈采用电子签章，流程进度线上推进。从而提高贸易效率，提升交易量。

（2）增强产业规范管理“低散乱”。整体产业环境“低散乱”，厂产违规建造制造，供应商无证经营，商品不符合规范标准等。将所有厂商、供应商、经销商按照商品类目，参与角色进行分类管理。如要合规经营，必须注册相关的跨境贸易系统。系统对企业做法人四要素验证，企业认证（上传营业执照等材料），小额对公账户打款等。多方机构对企业进行认证，验证通过之后，信息上链，获得电子化的合规经营证件。对贸易上的参与方进行实际的管理。

（3）可信数据作为第一生产资料。跨境贸易参与方众多，涉及物流、资金流、信息流，涉及业务包括跨境进出口安排、跨境贸易模式、跨境结算，仓储运输，贸易融资等等。各参与方独自开展业务，信息不对称且人工干预多，容易出现偏差。因此贸易的真实性有待商榷。将所有交易信息上链后，获得的可信数据经过大数据计算后，可以作为金融相关的生产资料，为日后的贸易融资增加可靠性，为服务侧的金融机构获得客户。

4.3.4 智慧医疗和食品安全等民生领域

通过区块链技术对医疗健康数据改造后将实现用户真正拥有自己的医疗健康数据；诊疗数据可以在不同医院、药房之间流通；用于公益募捐的病情查证，可让捐款走向有效监督。

在食品安全方面，利用区块链技术打击食品欺诈，促进食品生产和流通环节的信息透明；出现安全问题时方便追责，打造可追溯的跨境食品供应链；使用区块链对食品的生产、加工以及流通过程进行记录；参与记账的节点都能验证和维护信息，数据一旦上链，便无法篡改。

4.3.5 提高市民对社会治理的积极性

现阶段智慧城市感知以视频和图像为主，受限于设备覆盖率和采集数据维度，系统功能与用户需求之间往往差距较大。单一系统功能建设与用户需求联系不够紧密，公众与其他政府职能部门参与甚少，无法真正做到以人为本的建设宗旨。

区块链架构中真实的身份与可信的数据为公众通过移动终端上传各类违法违规信息提供保障，区块链将违法违规行为真实地记录在系统中，并对公众的有效监管行为给予一定的激励，从而提高公众对城市管理的参与度和积极性。而一旦被认定为违法违规行为，被监管者的行为将关联到个人征信、银行信贷等重要领域，对公众形成一定的约束力。

4.4　城市大数据应用

4.4.1　城市大数据概述

“政府数据资产”是指由政务服务实施机构建设、管理、使用的各类业务应用系统，以及利用业务应用系统依法依规直接或间接采集、使用、产生、管理的，具有经济、社会等方面价值，权属明晰、可量化、可控制、可交换的非涉密政府数据。现在政府数据资产主要包括政务数据资产、业务系统及应用资产、企业信息资产、政策数据资产及其他数据资产。

城市大数据是指城市运转过程中产生或获得的数据，及其与信息采集、处理、利用、交流能力有关的活动要素构成的有机系统，是国民经济和社会发展的重要战略资源。用简单、易于理解的方式可表达为：城市大数据即城市数据＋大数据技术＋城市职能。

城市大数据平台建立了数据治理的统一标准，提高数据管理效率；规范了数据在各业务系统间的共享流通，促进数据价值充分释放[6]。

4.4.2　通过数据汇集加速信息资源整合应用

第一，城市大数据平台建立数据治理的统一标准，提高数据管理效率。通过统一标准，避免数据混乱冲突、一数多源等问题。通过集中处理，延长数据的“有效期”，快速挖掘出多角度的数据属性以供分析应用。通过质量管理，及时发现并解决数据质量参差不齐、数据冗余、数据缺值等问题。

第二，城市大数据平台规范了数据在各业务系统间的共享流通，促进数据价值充分释放。通过统筹管理，消除信息资源在各部门内的“私有化”和各部门之间的相互制约，增强数据共享的意识，提高数据开放的动力。通过有效整合，提高数据资源的利用水平。

4.4.3 精准分析提升政府公共服务水平

在交通领域，通过卫星分析和开放云平台等实时流量监测，感知交通路况，帮助市民优化出行方案；在平安城市领域，通过行为轨迹、社会关系、社会舆情等集中监控和分析，为公安部门指挥决策、情报研判提供有力支持；在政务服务领域，依托统一的互联网电子政务数据服务平台，实现“数据多走路，群众少跑腿”；在医疗健康领域，通过健康档案、电子病历等数据互通，既能提升医疗服务质量，也能及时监测疫情，降低市民医疗风险。

4.4.4 数据开放助推城市数字经济发展

开放共享的大数据平台，将推动政企数据双向对接，激发社会力量参与城市建设。企业可获取更多的城市数据，挖掘商业价值，提升自身业务水平；企业、组织的数据贡献到统一的大数据平台，可以“反哺”政府数据，支撑城市的精细化管理，进一步促进现代化的城市治理[7]。

4.4.5 大数据平台顶层设计

科学合理的顶层设计是城市大数据平台建设的关键，需从落实国家宏观政策出发，结合城市实际需求，统筹考虑大数据平台建设目标、数据主权、关键技术、法治环境、实现功能等各个方面，以“高起点、高定位、稳落地”开展平台的顶层设计，保障城市大数据平台建设有目标、有方向、有路径、有节奏地持续推进，并且根据项目进展状况，不断迭代更新、推陈出新。

城市大数据平台建设与运营须有相应的配套保障机制，并充分发挥保障机制的导向作用和支撑作用，以确保平台规划建设协调一致和平台整体效能的实现。

加强城市大数据管理，实现数据从采集环节到数据资产化的全过程规范化管理。明确数据权属及利益分配，以及个人信息保护、数据全生命周期的管理责任问题。明确数据资源分类分级管理，健全数据资源管理标准。

4.5 云边协同+智慧应用

4.5.1 云边协同概述

边缘计算是云计算向边缘侧分布式拓展的新触角，欧洲电信标准化协会认为边缘计算是在移动网络边缘提供 IT 服务环境和计算能力，强调靠近移动用户，以减少网络操作和服务交付的时延，提高用户体验。Gartner 认为边缘计算描述了一种计算拓扑，在这种拓扑结构中，信息处理、内容采集和分发均被置于距离信息更近的源头处完成。维基百科认为边缘计算是一种优化云计算系统的方法，在网络边缘执行数据处理，靠近数据的来源。

边缘计算产业联盟认为边缘计算是在靠近物或数据源头的网络边缘侧，融合网络、计算、存储、应用核心能力的开放平台，就近提供边缘智能服务，满足行业数字化在敏捷连接、实时业务、数据优化、应用智能、安全与隐私保护等方面的关键需求。开放雾计算联盟认为雾计算是一种水平的系统级架构，可以使云到物连续性中的计算、存储、控制、网络功能更接近用户。上述边缘计算的各种定义虽然标准上各有差异，但基本都在表达一个共识：在更靠近终端的网络边缘上提供服务。

从技术或商业演进的实际情况来看，边缘计算其实更多的是云计算向终端和用户侧延伸形成的新解决方案。边缘计算本身就是云计算概念的延伸，二者本就是相依而生、协同运作的。云计算市场的巨头公司依托云计算技术先发优势，将云计算技术下沉到边缘侧，以强化边缘侧人工智能为契机，大力发展边缘计算。亚马逊推出 AWS Greengrass 功能软件，将 AWS 扩展到设备上，在本地处理终端生成的数据，同时仍然可以使用云来进行管理、数据分析和持久的存储；微软发布 Azure IoT Edge 边缘配套产品，将云分析扩展到边缘设备，支持离线使用，同时聚焦边缘的人工智能应用；谷歌也在 2018 年推出了硬件芯片 Edge TPU 和软件堆栈 Cloud IoT Edge，可将数据处理和机器学习功能扩展到边缘设备，使设备能够对来自其传感器的数据进行实时操作，并在本地进行结果预测。电信运营商正迎接 5G 市场机遇，全面部署边缘节点，为布局下一代基础设施打下牢牢的根基。移动边缘计算（MEC）利用无线接入网络就近提供电信用户 IT 所需服务和云端计算功能，实现计算及存储资源的弹性利用。多接入边缘计算（MAEC）则是将边缘计算从电信蜂窝网络进一步延伸至其他无线接入网络，中国移动、中国联通等运营商已在全国多个地市现网开展 MEC 应用试点，尝试构建基于边缘 MEC 端到端方案验证平台，并基于 5G 边缘云技术在 VR 上进行相关应用，未来将从标准、技术、产业三方面增强 MEC 与 5G 的结合。

云计算与边缘计算需要通过紧密协同才能更好地满足各种需求场景的匹配，从而最大化体现云计算与边缘计算的应用价值。同时，从边缘计算的特点出发，实时或更快速的数据处理和分析、节省网络流量、可离线运行并支持断点续传、本地数据更高安全保护等在应用云边协同的各个场景中都有着充分的体现[8]。

4.5.2　云边协同在工业互联网中的应用

近年来，在国家供给侧改革政策的推动下，工业领域的需求在持续复苏，但在人们对于物质品质需求不断提高、人力成本不断上涨以及上游材料成本提升等多重因素，逼迫工业企业向智能化靠拢。工业互联网凭借其新一代信息技术与工业系统全方位深度融合的特点，成为工业企业向智能化转型的关键综合信息基础设施。

随着政府部门陆续出台相关政策支持以及生态建设的不断完善，中国工业互联网产业正在迅猛发展。据 IDC 预测，到 2020 年全球将有超过 50%的物联网数据将在边缘处理，而工业互联网作为物联网在工业制造领域的延伸，也继承了物联网数据海量异构的特点。在工业互联网场景中，边缘设备只能处理局部数据，无法形成全局认知，在实际应用中仍然需要借助云计算平台来实现信息的融合，

因此，云边协同正逐渐成为支撑工业互联网发展的重要支柱。工业互联网的边缘计算与云计算协同工作，在边缘计算环境中安装和连接的智能设备能够处理关键任务数据并实时响应，而不是通过网络将所有数据发送到云端并等待云端响应。设备本身就像一个迷你数据中心，由于基本分析正在设备上进行，因此延迟几乎为零。利用这种新增功能，数据处理变得分散，网络流量大大减少。云端可以在以后收集这些数据进行第二轮评估，处理和深入分析。

同时，在工业制造领域，单点故障在工业级应用场景中是绝对不能被接受的，因此除了云端的统一控制外，工业现场的边缘计算节点必须具备一定的计算能力，能够自主判断并解决问题，及时检测异常情况，更好地实现预测性监控，提升工厂运行效率的同时也能预防设备故障问题。将处理后的数据上传到云端进行存储、管理、态势感知，同时，云端也负责对数据传输监控和边缘设备使用进行管理，边缘云在工业互联网中的具备部署架构示例如图 4.6 所示[9]。

通过在工厂的网络边缘层部署边缘计算设备及配套设备，边缘计算设备通过数据采集模块从所有 PLC 设备采集实时数据，存储于实时数据库内，供 MES、ERP 等其他功能模块、系统调用处理，建立起工单、物料、设备、人员、工具、质量、产品之间的关联关系，保证信息的继承性与可追溯性，在边缘层快速建立一体化和实时化的信息体系，满足工业现场对实时性要求，实现工业现场的传

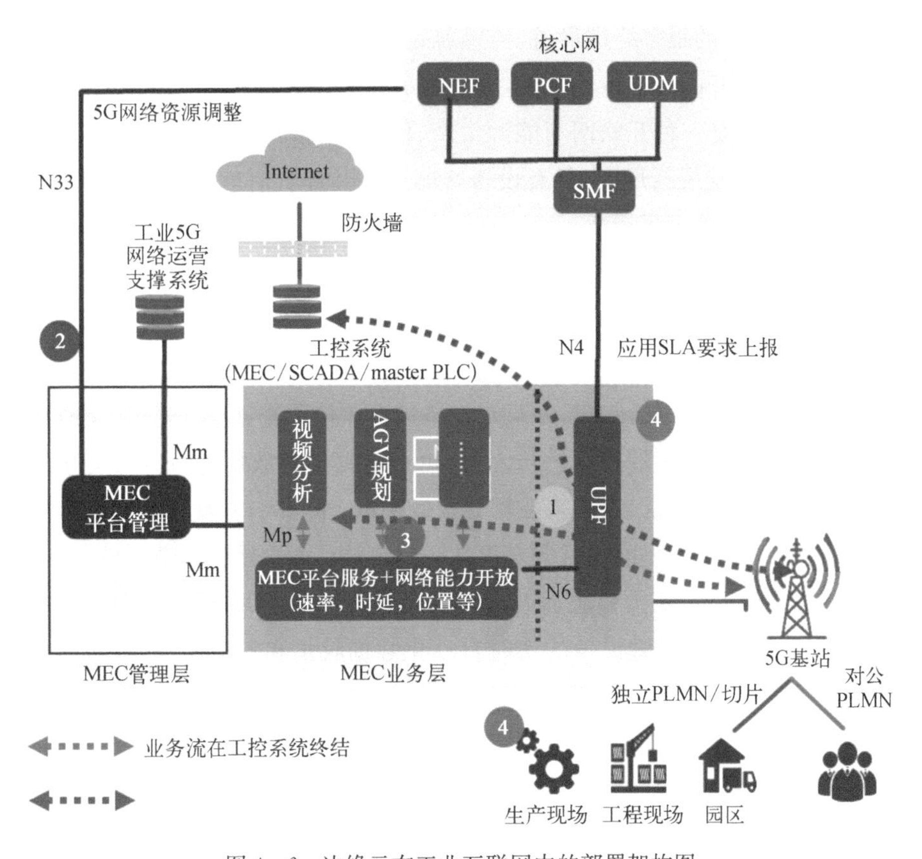

图 4-6　边缘云在工业互联网中的部署架构图

感器、自动化设备、机器人的数据接入，提供数据采集、数据分析、人工智能(推理阶段)等服务。由边缘计算设备接入云端，实现大量、异地分布的数据接入，既可以向生产管理人员提供车间作业和设备的实际状况，也可以向业务部门提供客户订单的生产情况，还能根据实际生产情况计算出直接物料的成本、产量、设备故障、消耗等，构建云端一边缘协同化的生产管理体系。

4.5.3　云边协同在能源场景中的应用

电力、石油石化等传统能源行业的信息化具有接入设备多、服务对象广泛、信息量大、业务周期峰值明显等行业特色。云计算技术虚拟化、资源共享和弹性伸缩等特点能够很好地解决服务对象广泛及业务周期峰值等问题，但对于海量接入设备产生的大量数据，如果全都上传至云端进行处理，一方面会给云端带来过大的计算压力；另一方面会给网络带宽资源造成巨大的负担。同时，由于电力、石油企业涉及的很多终端设备、传感器处于环境极端、地理位置偏远的地区，大部分都没有很好的网络传输条件，无法满足原始数据的大批量传输工作。

能源互联网是一种互联网与能源生产、传输、存储、消费以及能源市场深度融合的能源产业发展新形态，具有设备智能、多能协同、信息堆成、供需分散、系统扁平、交易开放等主要特征。

在传统能源产业向能源互联网升级的过程中，利用云计算和边缘计算两方的优势，可以加速升级过程。以石油行业为例，在油气开采、运输、储存等各个关键环节，均会产生大量的生产数据。在传统模式下，需要大量的人力通过人工抄表的方式定期对数据进行收集，并且对设备进行监控检查，以预防安全事故的发生。抄表员定期将收集的数据进行上报，再由数据员对数据进行人工的录入和分析，一来人工成本非常高，二来数据分析效率低、时延大，并且不能实时掌握各关键设备的状态，无法提前预见安全事件防范事故。而边缘计算节点的加入，则可以通过温度、湿度、压力传感器芯片以及具备联网功能的摄像头等设备，实现对油气开采关键环节关键设备的实时自动化数据收集和安全监控，将实时采集的原始数据首先汇集至边缘计算节点中进行初步计算分析，对特定设备的健康状况进行监测并进行相关的控制。此时需要与云端交互的数据仅为经过加工分析后的高价值数据，一方面极大地节省了网络带宽资源，另一方面也为云端后续进一步大数据分析、数据挖掘提供了数据预加工服务，为云端规避了多种采集设备带来的多源异构数据问题。

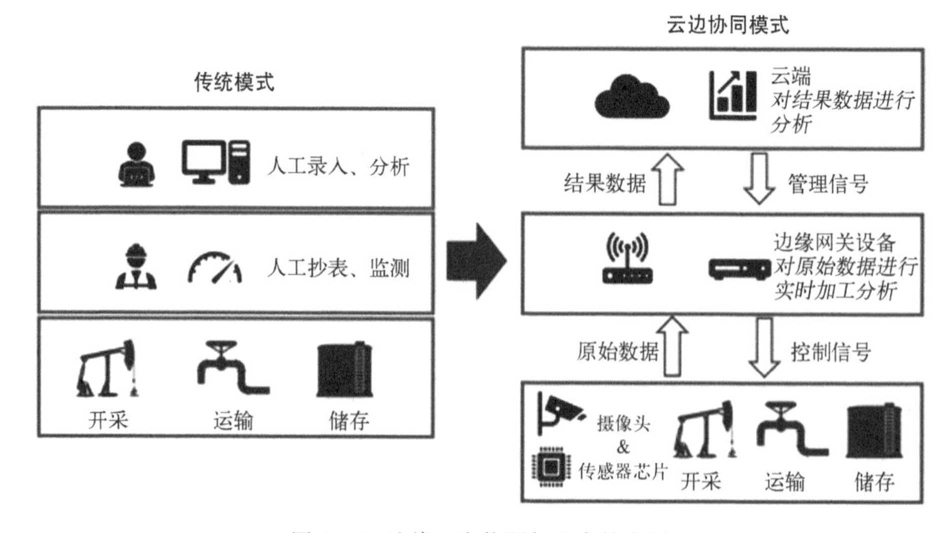

图 4-7　边缘云在能源行业中的应用

云边协同中，要求终端设备或者传感器具备一定的计算能力，能够对采集到的数据进行实时处理，进行本地优化控制、故障自动处理、负荷识别和建模等操作，把加工汇集后的高价值数据与云端进行交互，云端进行全网的安全和风险分析，进行大数据和人工智能的模式识别、节能和策略改进等操作。同时，如果遇到网络覆盖不到的地区，可以先在边缘侧进行数据处理，在有网络的情况下将数据上传到云端，云端进行数据存储和分析。

4.5.4　云边协同赋予智能家庭新内涵

随着信息化技术的逐步发展、网络技术的日益完善、可应用网络载体的日益丰富和大带宽室内网络入户战略的逐步推广，智能化信息服务进家入户成为可能。智慧家庭综合利用互联网技术、计算机技术、遥感控制技术等，将家庭局域网络、家庭设备控制、家庭成员信息交流等家庭生活有效结合，创造出舒适、便捷、安全、高效的现代化家居生活。

在家庭智能化信息服务进家入户的今天，各种异构的家用设备如何简单地接入智能家庭网络，用户如何便捷地使用智能家庭中的各项功能成为关注焦点。

在智能家庭场景中，边缘计算节点（家庭网关、智能终端）具备各种异构接口，包括网线、电力线、同轴电缆、无线等等，同时还可以对大量异构数据进行处理，再将处理后的数据统一上传到云平台。用户不仅可以通过网络连接边缘计算节点，对家庭终端进行控制，还可以通过访问云端，对长时间的数据进行访问。

同时，智能家庭云边协同基于虚拟化技术的云服务基础设施，以多样化的家庭终端为载体，通过整合已有业务系统，利用边缘计算节点将家用电器、照明控制、多媒体终端、计算机等家庭终端组成家庭局域网。边缘计算节点再通过互联网（未来 5G 时代还会通过 5G 移动网络）与广域网相连，继而与云端进行数据交互，从而实现电器控制、安全保护、视频监控、定时控制、环境监测、场景控制、可视对讲等功能。

未来，智能家庭场景中云边协同将会越来越得到产业链各方的重视，电信运营商、家电制造商、智能终端制造商等都会在相应的领域进行探索。在不远的将来，家庭智能化信息服务业不仅限于对家用设备的控制，家庭能源、家庭医疗、家庭安防、家庭教育等产业也将与家庭智能化应用紧密结合，成为智能家庭大家族中的一员（见图 4-8）。

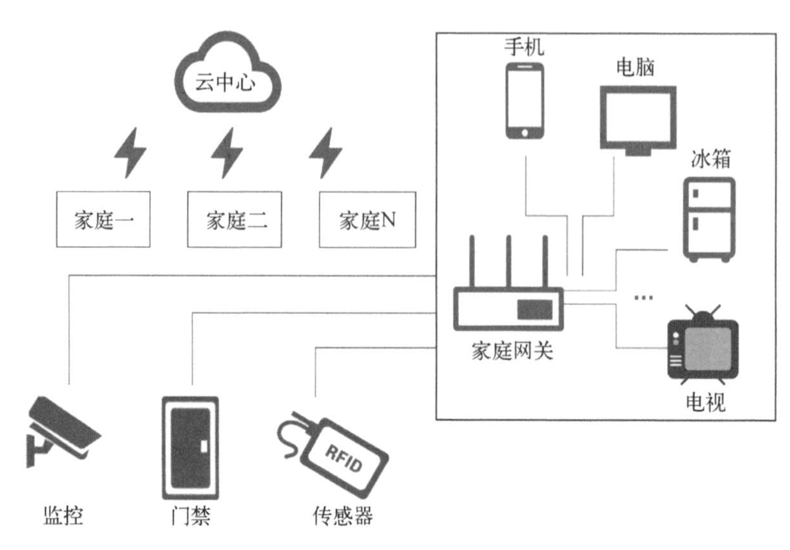

图 4-8　慧家庭信息化中的应用示意图

小米家居智能防盗方案，通过门窗传感器＋网关＋智能摄像头的组合，当门、窗推开，两只传感器错位，网关发出高分贝警报声，同时闪烁红色警报光，智能摄像头开启，录像上传云端，同时通知手机 App;警报声如果没有吓走入侵者，智能摄像头拍摄画面稍有异动(比如画面中闪过一个人影)，立刻抓拍前后十五秒录像上传云端保存，实时记录家庭内部情况。

4.5.5　云边协同在智慧交通场景中的应用

城市交通系统是一个复杂而巨大的系统，如何提高整个交通系统效率、提升居民出行品质是智慧交通最重要的关注点和挑战。在传统模式中，创新技术如何从实验室中落地到实际的交通应用中、各种传感器和终端设备标准如何统一规范、信息如何共享、大量生成数据如何及时进行处理等已经成为制约智慧交通发展的瓶颈。

车路协同，是智慧交通的重要发展方向。车路协同系统是采用先进的无线通信和新一代互联网等技术，全方位实施车车、车路动态实时信息交互，并在全时空动态交通信息采集与融合的基础上开展车辆主动安全控制和道路协同管理，充分实现人车路的有效协同，保证交通安全，提高通行效率，从而形成的安全、高效和环保的道路交通系统。据公安部统计，截至 2018 年底，我国汽车保有量已突破 2.4 亿辆，汽车驾驶人达到 3.69 亿人。可以预见，车路协同在我国有巨大的市场空间，这为智慧交通在我国的发展和落地提供了得天独厚的“试验场”。

过去各方对于智慧交通的关注点主要集中在车端，例如自动驾驶，研发投入也主要在车的智能化上，这对车的感知能力和计算能力提出了很高的要求，导致智能汽车的成本居高不下。另一方面，在当前的技术条件下，自动驾驶车辆在传统道路环境中的表现仍然不尽如人意。国内外各大厂商逐渐意识到，路侧智能对于实现智慧交通是不可或缺的，因此最近两年纷纷投入路侧的智能化，目标是实现人、车、路之间高效的互联互通和信息共享。

在实际应用中，边缘计算可以与云计算配合，将大部分的计算负载整合到道路边缘层，并且利用5G、LTE-V等通信手段与车辆进行实时的信息交互。未来的道路边缘节点还将集成局部地图系统、交通信号信息、附近移动目标信息和多种传感器接口，为车辆提供协同决策、事故预警、辅助驾驶等多种服务。与此同时，汽车本身也将成为边缘计算节点，与云边协同相配合为车辆提供控制和其他增值服务。汽车将集成激光雷达、摄像头等感应装置，并将采集到的数据与道路边缘节点和周边车辆进行交互，从而扩展感知能力，实现车与车、车与路的协同。云计算中心则负责收集来自分布广泛的边缘节点的数据，感知交通系统的运行状况，并通过大数据和人工智能算法，为边缘节点、交通信号系统和车辆下发合理的调度指令，从而提高交通系统的运行效率，最大限度地减少道路拥堵。

4.5.6　云边协同优化安防监控部署方式

目前安防监控领域，从部署安装角度，一般传统的监控部署采用有线方式，有线网络覆盖全部的摄像头，布线成本高，效率低，占用大量有线资源。采用WiFi回传的方式，WiFi稳定性较差，覆盖范围较小，需要补充大量路由节点以保证覆盖和稳定性。传统方式下需要将监控视频通过承载网和核心网传输至云端或服务器进行存储和处理，不仅加重了网络的负载，业务的端到端时延也难以得到有效的保障。

同时，大量的摄像采集终端都配备较强的数据采集能力，一方面对摄像头的整体架构提出了较高的要求，如何在尺寸体积固定和耗电量较低的情况下，保证处理能力和便捷安装，同时另一方面又尽可能地保障摄像采集端成本较低，是一个比较重要的问题。

基于上述诉求，可以将监控数据分流到边缘计算节点(边缘计算业务平台)，从而有效降低网络传输压力和业务端到端时延(见图4-9)。

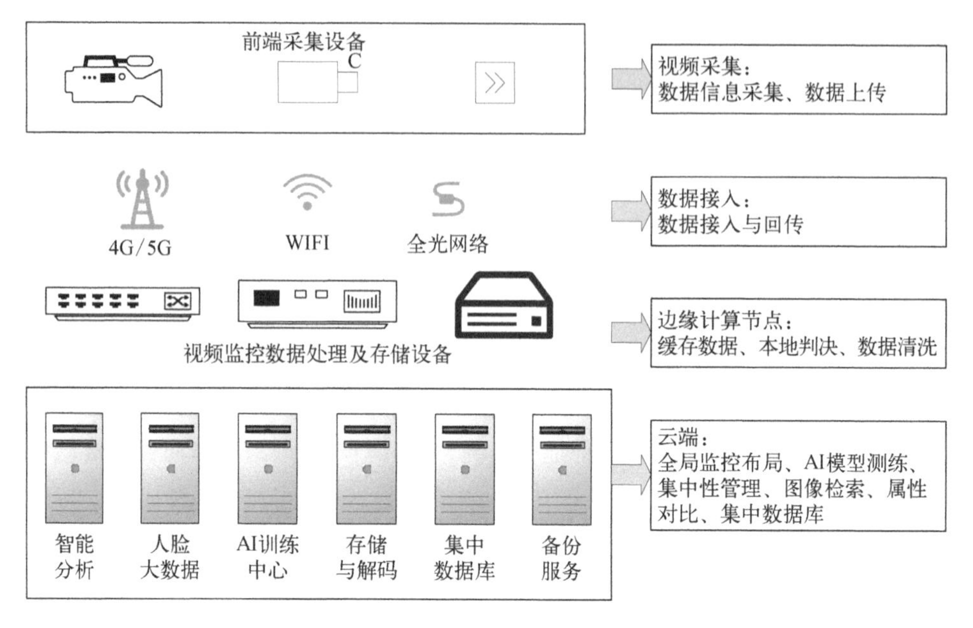

图 4－9　云边协同在智慧安防应用示意图

此外，视频监控还可以和人工智能相结合，在边缘计算节点上搭载 AI 人工智能视频分析模块，面向智能安防、视频监控、人脸识别等业务场景，以低时延、大带宽、快速响应等特性弥补当前基于 AI 的视频分析中产生的时延大、用户体验较差的问题，实现本地分析、快速处理。通过在边缘的视频预分析，实现园区、住宅、商超等视频监控场景实时感知异常事件，实现事前布防、预判，事中现场可视、集中指挥调度，事后可回溯、取证等业务优势。边缘侧视频预分析，结合云端的智能视频分析服务，精准定位可疑场景、事件，不需要人工查询大量监控数据，效率高；通过云端可对边缘应用全生命周期进行管理，降低运维成本。

4.5.7　云边协同推动智慧农业转型

云边协同加速传统农业向智慧农业转型，智慧农业是农业生产的高级阶段，是集新兴的互联网、移动互联网、云计算和物联网技术为一体，依托部署在农业生产现场的各种传感节点和无线通信网络实现农业生产环境的智能感知、智能预警、智能决策、智能分析、专家在线指导，为农业生产提供精准化种植、可视化管理、智能化决策。

以智慧大棚为例：针对条件较好的大棚，安装有电动卷帘，排风机，电动灌溉系统等机电设备，通过云端可实现远程控制功能。农户可通过手机或电脑登录云端系统，控制温室内的水阀、排风机、卷帘机的开关；也可在云端设定好控制逻辑，云端将控制逻辑下放到边缘控制设备，边缘控制设备通过传感设备实时采集大棚环境的空气温度、空气湿度、二氧化碳、光照、土壤水分、土壤温度、棚外温度与风速等数据，根据内外情况自动开启或关闭卷帘机、水阀、风机等大棚机电设备。

如图 4－10 所示，通过运用物联网和云计算技术，可实时远程获取大田种植园的相关信息，通过网络传输到云端，经过作物生长模型分析适宜作物生长的各种条件，云端将分析后的模型下放到智能网关，智能网关根据模型和传感器采集到信息，对大田种植园中的各种设备实时进行控制，保证种植园的空气温湿度、土壤水分、土壤温度、CO_2浓度、光照强度。同时云边协同还可以根据作物长势或病虫草害情况，有效降低劳动强度和生产成本，减少病害发生，提升农产品品质和经济效益。

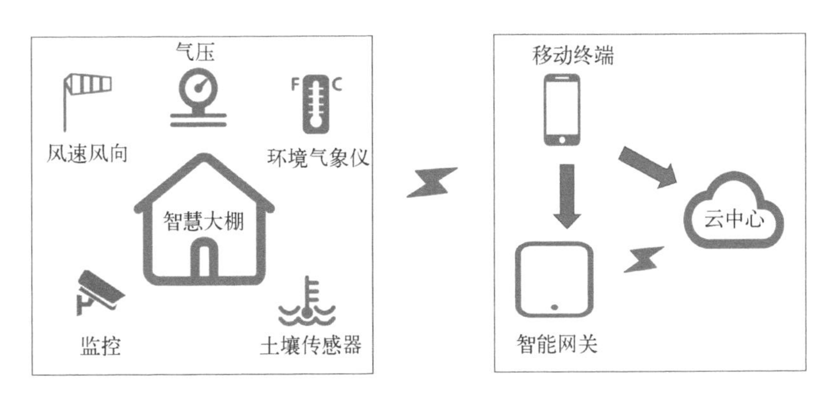

图 4－10　云边协同在智慧大棚应用示意图

4.5.8　云边协同助力医疗保健向智慧医疗升级

在国家政策的大力支持下，我国医疗健康产业未来市场前景广阔，产业规模从 2011 年的 1.6 万亿元增长至 2015 年的 3.9 万亿元。

2016 年市场规模已经达到 4.6 万亿元，同比增长约 18％，2017 年市场规模已经达到 5.1 万亿元，2020 年，我国健康产业总规模超过 8 万亿元。

在医疗保健行业迅速发展的背后，医疗信息化互联互通还存在着一些担忧。信息集成困难，如何全面集成门诊、急诊、住院、查体等不同类型的就诊记录，如何长期管理和再现历史数据成为难以实现的目标。智能化效果堪忧，医院的智能化服务水平偏低，复杂多样的智能化规则和电子病历无法集成，多种人工智能产品无法纳入工作流程。数据收集困难，工作量大、数据缺失、数据共享困难，业务系统与科研数据采集难以统一等也成了拦路虎。

随着医疗设备在人们日常保健中应用比例的提高，产品在不断降低成本的同时，最值得关注的还是安全性、可靠性、易用性等人性化要求。医疗保健行业中患者的数据是极为隐私的，必须加以安全保护。另一方面，诊断精度直接影响设备诊断结果，这必然也是未来产品设计的关注重点。

随着社会的进步和人口结构的改变，医疗保健的发展主要呈现出三个特点：便携化、智能化和多功能化。便携式移动医疗、大数据分析、云服务等智能医疗迎来发展热潮并在个体群体之间不断创新。

云边协同助力医疗保健向智能医疗升级。目前，用于生命体征监测的可穿戴设备正在快速发展，其中低功耗、小尺寸和设计简单性已经成为方案设计中的关键所在。包括智能手表在内的腕戴式健身和健康设备越来越受欢迎，这些设备不仅具有步进跟踪功能，而且提供相关的健身/健康指标，包括受力分析参数以及基础心率和心率变异分析等功能。但是，要真正地从所收集的海量数据中获益，实时分析可能是必不可少的——许多可穿戴设备直接连接到云上，但也有其他的一些设备支持离线运行。一些可穿戴健康监控器可以在不连接云的情况下本地分析脉搏数据或睡眠模式。然后，医生可以远程对病人进行评估，并就病人的健康状况提供即时反馈。

例如，能够独立分析健康数据的心率监视器可以立即提供必要的响应，以在患者需要帮助时提醒护理者。同时监视器将分析后的数据上传到云端，在云端进行 AI 分析，记录患者长期的健康情况，为医生和患者提供病情分析，辅助进行下阶段治疗。

机器人辅助手术是医疗保健中云边协同的另一个应用案例。这些机器人需要能够自己分析数据，以便安全、快速和准确地为手术提供帮助；同时将数据上传到云端，在云端进行 AI 学习，完善机器人程序，并在适当时机将学习完成的模型下发到机器人终端。

实 施 篇

第5章　总体设计

本章介绍新型智慧城市的总体设计思路，从指导思想到建设目标的分阶段拟定，从总体架构到功能、应用等具体架构。

5.1　指导思想

智慧城市建设指导思想如下。

5.1.1　全方位全领域的顶层设计引领建设

智慧城市是政府在城市管理理念和模式上的改革，是一个只有起点没有终点的长期持续的巨大系统工程，只有做好顶层设计，才能有序推进智慧城市系统工程建设。智慧城市建设是全局性的、长远性的工程，从全局出发做好顶层设计，才能整合各部门力量，统一思想，使智慧城市建设贴近本城市的发展需要。

5.1.2　基础性建设先行，确保不出现结构性问题

新型智慧城市规划方案编写需要依据项目之间的依存关系，识别城市信息基础性和核心设施（城市大脑）的项目先行建设，保证总体上不出现结构性问题、各个项目顺利推进，避免资源浪费。

5.1.3　核心基础设施统建共享、互通联动

大数据、云计算、移动互联网、物联网、人工智能等新一代信息技术不断推动智慧城市向前发展。围绕共性需求统筹规划智慧城市核心基础设施建设，统筹建设云平台、数据共享交换、地理信息服务、物联网智能等共性技术支撑平台。以互联互通、信息共享为目标，突破部门界限和体制障碍，充分整合信息基础设施和城市数据资源，推进跨部门、跨领域的信息共享和业务协同，提高城市整体运行效率、管理服务水平，优化资源配置、提升资源利用效率。

5.1.4 强化数据资源聚合、治理、共享、应用和决策支撑

建立统一信息平台打破数据孤岛。围绕数据采集、共享、开放、利用全流程，充分应用大数据、AI 等相关技术充分释放数据红利，形成支撑城市智慧决策的数据源。

统筹全市数据资源建设。通过统一的政务信息资源共享交换平台，推动数据资源共享开放，积极引导和鼓励基于政府数据资源的开发利用，有效改善民生服务，激发产业活力，促进经济转型。

5.1.5 重视信息安全，降低风险

海量信息数据的搜集存储，是智慧城市建设的必需，同时也让信息数据处于安全风险之中。智慧城市建设中信息流将成为城市运转的“血液”。

坚持信息技术发展与安全并重，加强信息安全战略规划，建立健全科学规范的安全标准体系，落实信息安全责任制。加大依法管理和信息保护力度，积极防御，全面防范，确保网络和信息安全可控。将安全工作贯彻智慧应用的始末，按照“谁主管谁负责，谁运行谁负责”的原则，大力提升安全保障力度，形成与发展水平相适应的信息安全保障体系。

5.2 建设原则

智慧城市顶层设计宜遵循下述原则。

5.2.1 因城施策，协同发展

智慧城市建设要回归到城市本身，从城市建设角度看智慧，而不是从智慧角度看城市。城市目前正处于兴商建市、促进经济转型与创新发展阶段，该阶段最迫切的需求在于规划和建设的智慧化，以及通过智慧化手段为城市运营积累数据和资源。突出商贸城市特色，以现代信息技术驱动电子商务、会展、旅游等特色产业发展。加大简政放权力度，优化市场竞争环境，放宽政策、放开市场、放活主体，充分发挥市场配置资源的决定性作用，形成大众创业、万众创新的新潮流，打造经济发展和社会进步的新引擎。

以政务服务为牵引，梳理政府服务、城市管理、百姓生活和经济发展等方面的重点需求，作为智慧城市建设的基础依据，先行开展各类智慧化应用。突出民

生服务，把便民惠民作为新型智慧城市建设的出发点和落脚点，优先建设实施与民生密切相关的项目，让广大居民享受到高效、便捷、绿色的新型智慧城市生活。

5.2.2　整合资源，开放共享

以互联互通、信息共享为目标，突破部门界限和体制障碍，充分整合信息基础设施和城市数据资源，推进跨部门、跨领域的信息共享和业务协同，提高城市整体运行效率、管理服务水平和国际化程度，优化资源配置、提升资源利用效率。

充分汇聚、集成和利用好现有信息资源，建立健全数据存储、交换、共享和开放机制，加速实现基础设施互联互通、技术数据共建共享。各企事业单位对拥有自主产权、处置权或管辖权的硬件资产、场地和软件基础数据积极进行社会化、市场化共建，避免重复建设和资源浪费。营造开放、包容、竞争、有序的发展环境，打造、引进一批创新能力强、品牌知名度高、带动作用强的龙头企业。积极利用智慧资源和创新要素，推动新型智慧城市开放式创新发展。

5.2.3　突出重点，分步实施

统筹规划全市智慧城市建设，加强与周边、经济圈等各领域的衔接，合理布局，促进各部门、各行业间协调发展。加强指导，明确任务，落实项目，强化目标考核和绩效评估，建立完善的信息化管理体制。对新型智慧城市建设进行统一的顶层规划设计，统筹各区县、各部门、各建设模块之间的衔接和匹配工作，进行集约建设。积极做好新型智慧城市涵盖的各模块专项规划方案，设计好规划实施路线图。同时，要确保技术开放留足余地，为后续实施项目预留好接口和通道。突出重点，分步实施，通过迭代升级的模式来促进智慧城市建设的有序推进。

5.2.4　政府引导，市场推动

充分发挥政府在规划设计、政策扶持、标准规范、试点示范等方面的引导作用，深入探索智慧城市的发展路径、管理方式、推进模式和保障机制，鼓励社会资本参与到城市信息化建设、投资和运营中，培育和发展新型应用业态，建立与经济社会发展相适应的多元投融资机制，努力探索低成本、好成效、互利共赢的建设与运营模式。充分调动市场积极性，广泛吸引社会资金投入信息化建设，形成以政府为引导、企业为主体、社会各方面积极参与的智慧城市建设新格局。

5.2.5 市场导向,兴商强业

积极鼓励技术、模式、业态和制度方面的创新,以新型智慧城市建设带动国际商贸发展。运用大数据、人工智能、物联网、区块链和5G等新兴信息技术,构建完备的国际商贸信息化支撑体系,打造全球日用消费品创新要素集聚的数字自由贸易区和与互联网深度融合的数字经济高地,建设多个数字生态基地、百亿市场规模、千家骨干企业,万名技术人员。

5.2.6 创造价值,可持续运营

智慧城市运营需要运营模式、运营主体、运营平台和运营生态的支撑。创造价值,摸索出智慧城市市场化运营的新模式,以保障智慧城市可持续运营和发展。积极探索当地政府与第三方智慧城市运营商合作成立"政府督导、企业主导、生态参与"的本地化合资公司,通过便民服务平台、城市运营管理中心、创新创业平台智慧城市运营三大平台,打造"服务、供给、资本、智力"四大生态,联合智慧城市运营生态合作伙伴,赋智整合城市资源,面向政府、企业、公众,提供综合化、集约化、智能化的服务,促进智慧城市可持续发展。

5.3 建设目标

5.3.1 总体目标

(1) 总体战略目标:高质量高水平建成有特色的新型智慧城市。

(2) 建设示范先行地:打造成为新型智慧城市建设示范先行地。

5.3.2 分阶段建设目标

1) 近期建设规划建议

近期建议初步完成智慧城市基本框架和基础设施的构建。起始年是智慧城市核心基础设施建设先行年。以建设智慧核心基础设施,以及直接关系城市治理、产业经济、民生服务和生态环保等智慧应用为建设重点。起始年底具体建设目标如下。

(1) 完成新型智慧城市核心(城市大脑)框架和基础设施的构建。

(2) 城市大数据汇聚初步完成,城市数据共享联动初步达成。

(3) 基层治理、城市精细化管理、市民服务、生态环保等智慧应用逐步得以实施。

(4) 各项智慧应用建设初见成效,重点工程有立项准备。

(5) 5G、区块链、工业互联网应用等初步展开。

(6) 探索并确定智慧城市创新运营模式。

2) 中期建设规划建议

中期建议继续完善和夯实智慧城市核心和信息基础设施工程项目建设,并展开基于城市大脑平台业务应用和新业务新应用构建。各领域智慧化建设全面展开,大幅提升各领域信息化智慧化业务支撑能力和业务服务水平。到中期末,智慧城市体系框架得到进一步充实和丰满,智慧应用力度大幅增加,智慧城市建设初步形成规模,打造成为新型智慧城市建设示范先行区。中期截止前智慧城市建设达成目标如下。

(1) 新型智慧城市核心(城市大脑)框架和基础设施的构建进一步完善。

(2) 完成从政务大数据到城市大数据的重心转移,实现城市数据资源聚合、治理、共享、联动、挖掘、应用、开放和价值兑现。

(3) 城市治理、市民服务、跨部门跨系统新流程新业务等构建快速完成,重点智慧应用建设基本完成。

(4) 智慧应用投入使用,重点工程已经部署和落地。

(5) 5G、区块链、工业互联网应用等取得成果。

(6) 智慧城市创新运营模式趋于成熟和稳定。

3) 远期建设规划建议

远期建议以信息创造价值为主,智慧化应用进一步融合和普及,智慧城市的各项建设内容全方位推进,并逐步形成统一的整体,智慧化服务全面普及,通过城市大数据的挖掘和利用,实现业务价值的创新和提升,智慧城市建设和应用达到国内领先水平。远期规划截止前智慧城市建设达成目标如下。

(1) 新型智慧城市整体基础和核心框架打造完成,城市基础设施智能化水平明显提高。

(2) 城市大数据体量和种类更加丰富多彩,数据开放和应用能力充分显现,城市大数据完成从资源到资产的升级。

(3) 完善智慧城市应用体系,智慧应用建设基本完成。

(4) 智慧应用日臻完善,示范性应用形成可复制模式在行业领域进行广泛推广。

(5) 5G、云边协同、区块链、AI、大数据、工业互联网高度融合，总体战略目标基本达成。

5.4 总体架构

智慧城市建设以城市发展需求为导向，聚焦城市数据，以数据的“聚、联、用、活”为建设主线，以数据采集层、数据传输层、数据平台层、数据应用层、数据展现层五个功能层次和安全、标准、评价、管理四大体系为抓手，系统部署城市感知体系和网络设施，集约建设电子政务云和行业云混合组成的云计算集群，汇聚、处理数据资源，形成基础库、专题库、共享库、决策支持库四大公共数据库，搭建大数据服务支撑平台和能力开放平台，开发利用数据资源，支撑数据应用，促进数据红利释放。重点围绕精准精细的城市治理、无处不在的惠民服务、融合创新的产业经济、低碳绿色的宜居环境四大领域打造智慧应用，建设城市运营管理中心，为居民、企业、政府管理者多方主体提供全方位的智慧化服务[10]。

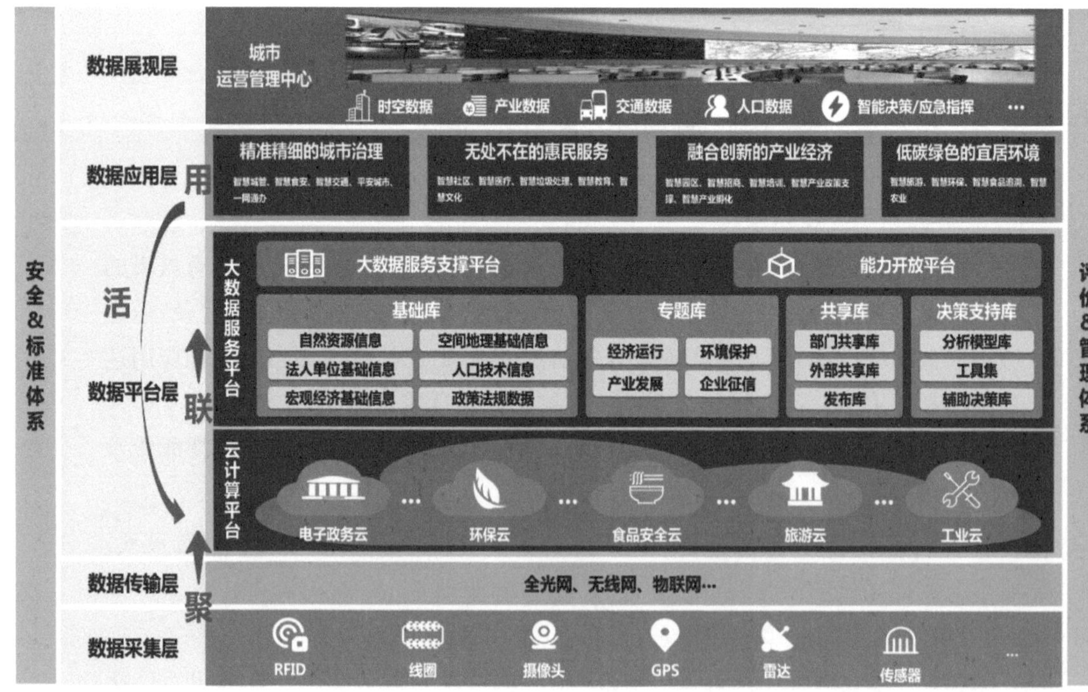

图 5-1 总体架构图

5.5 具体架构

5.5.1 技术体系

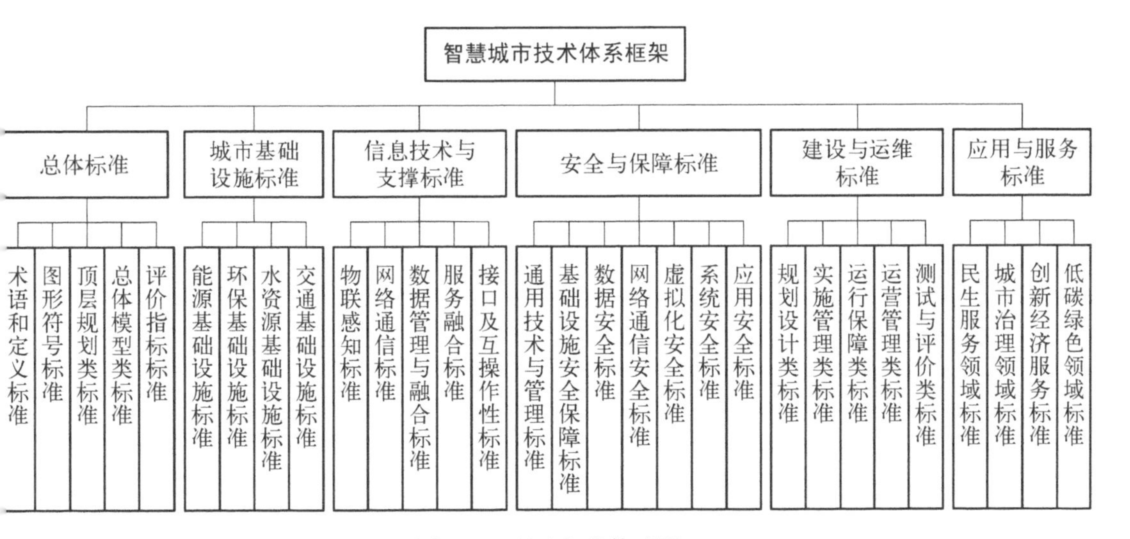

图 5－2　技术架构体系图

技术体系方面包括总体标准、城市基础设施标准、信息技术与支撑标准、安全与保障标准、建设与运维标准、应用与服务标准六大类。

体制机制方面综合考虑管理、投融资模式及相关改革因素，重点制定《电子证照、网上身份认证相关的地方性法规和规章》《数据资源共享管理办法》《政府机构数据开放管理规定》《数据安全和隐私保护法规》《跨部门、跨层级业务协同处理流程规范》等。

评价指标方面包含惠民服务、精准治理、生态宜居、产业经济、智能设施、信息资源、网络安全、改革创新、市民体验、城市特色等维度。

5.5.2 功能架构

智慧城市功能架构涵盖城市综合运营管理中心、城市大数据中心、各委办局、县（市、区）城市运营管理中心、镇政府、村（社区）等，构建起三级平台体系。三级平台接受区委区政府指示指令，进行情况汇报；对外与国家、省/市进行数据上传及下载，与电信运营商、阿里、腾讯和百度等企业进行数据交互，向广大市民

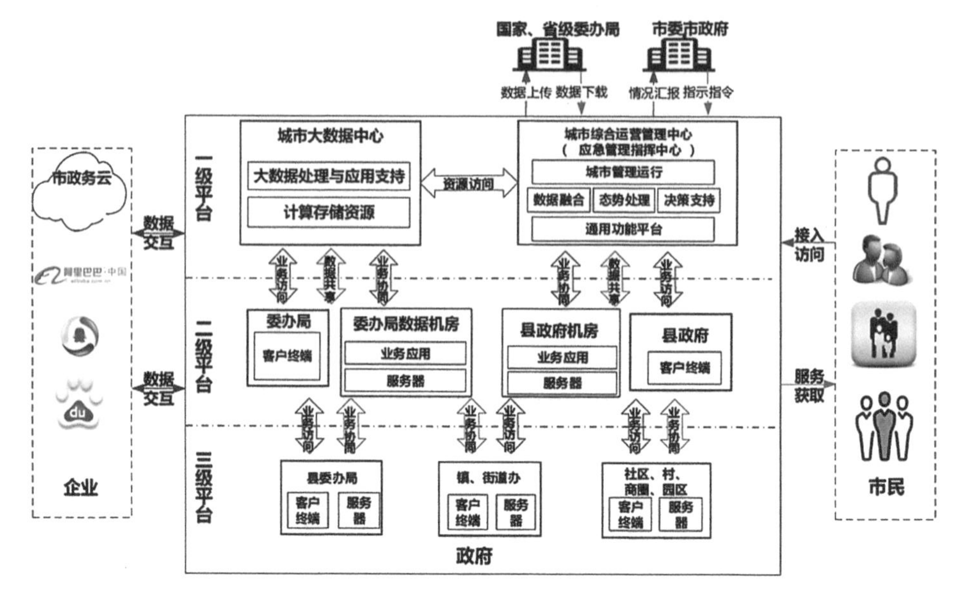

图 5－3　功能架构体系图

提供接入访问和服务获取。

功能架构内容包括如下。

一级平台，由城市综合运营管理中心和城市大数据中心构成。城市综合运营管理中心（应急管理指挥中心）是智慧城市的“大脑”，集数据采集、整合、分析、挖掘、分发为一体，展现城市全景态势，支撑城市日常业务处理和应急事件联动处置。城市大数据中心是省市级数据和资源的重要支撑机构，提供省市级统一的云服务，向各部门、企业提供计算存储资源服务，部署基础数据库、部分委办局的业务数据库，并部署民生服务、城市治理、生态宜居、产业经济业务应用。

二级平台，由县级城市运营管理中心、数据机房和委办局专有数据机房构成。该平台实现纵向衔接、横向匹配，承担各领域、各区域数据的汇聚，形成相关领域和区域的综合态势。

三级平台，由各县委办局、镇政府、街道、社区、村、商圈、园区业务应用构成，采集上传业务运营数据，接受执行上级指令，应用上级平台通用功能。

5.5.3　应用架构

智慧城市围绕政府、企业和市民需求，开展城市治理、惠民服务、产业经济、宜居环境等四大领域建设，重点满足跨部门、跨层级、跨地域数据融合、业务协同的政府业务需求。如下图所示。

精准精细的城市治理	无处不在的惠民服务	融合创新的产业经济	低碳绿色的宜居环境
智慧城管、智慧食安、智慧交通、平安城市、一网通办	智慧社区、智慧医疗、智慧垃圾处理、智慧教育、智慧文化	智慧园区、智慧招商、智慧培训、智慧产业政策支撑、智慧产业孵化	智慧旅游、智慧环保、智慧食品追溯、智慧农业

图 5－4　应用架构图

城市治理域主要包括智慧城管、智慧食安、智慧交通、平安城市、一网通办等，实现精准细致的城市管理。

惠民服务域主要包括智慧社区、智慧医疗、智慧垃圾处理、智慧教育、智慧文化等，实现全程全时的为民服务。

产业经济域主要包括智慧园区、智慧招商、智慧培训、智慧产业政策支撑、智慧产业文化等，实现融合创新的产业服务。

宜居环境域主要包括智慧旅游、智慧环保、智慧食品追溯、智慧农业等，打造低碳绿色的健康城居空间。

5.5.4　网络架构

智慧城市基于如图 5－5 所示的网络架构：国际领先的低时延、大带宽的泛在融合网络，支撑业务即开即用、按需随选的先进网络体系。

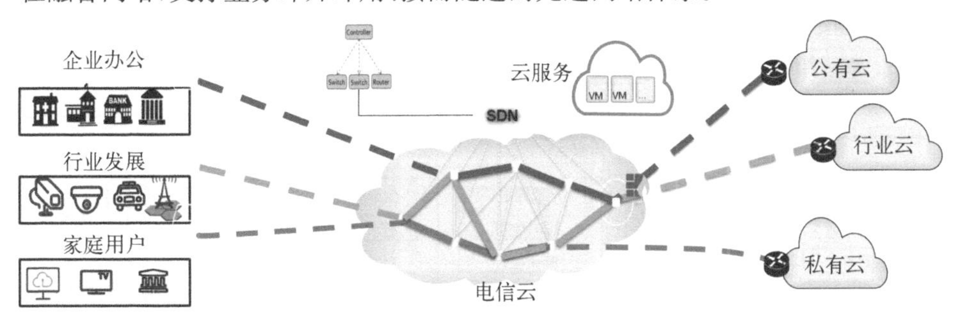

图 5－5　网络架构

1）面向用户

企业：智能网络、即开即用。

行业：万物互联、智慧。

家庭：千兆入户、智能家庭。

2）网络构成

全光网络：骨干网络 1 000 G。

5G：低时延，大连接。

专线入云：安全可靠，带宽随选、随开随用。

跨域通信：一跳到骨干。

5.5.5　数据架构

智慧城市基于更具有包容性的数据架构，汇聚政务、公共安全、运营商、互联网企业等众多相关方的结构化、半结构化和非结构化数据，通过云计算、大数据和人工智能等技术进行数据融合治理，形成数据智能，驱动智慧应用，支撑政务服务、城市治理、产业经济等领域的应用创新。其应具备大规模动态拓扑网络下的实时计算能力、超大规模下全量多源的数据汇聚能力、基于机器学习深度挖掘数据价值的人工智能、具备全生命周期数据安全保障能力，为数据开放创新提供平台支撑，为百行百业的智慧应用提供数据引擎。

智慧城市数据架构由城市公共数据、业务运行数据、感知数据、众包数据和城市综合管理数据构成，如图 5－6 所示。

图 5－6　数据架构体系图

城市公共数据是城市运行所需的、通用的各种资源数据，包括人口、法人、自然资源、空间地理、城市部件、物资和法律规章。

业务运行数据是用于支撑城市运行各项业务的数据，是各部门、企业在具体的业务和服务开展过程中产生的数据。

感知数据是通过物联网等技术手段，从城市各领域采集的城市鲜活数据，从数据类型上分为视频、图像、位置、身份、状态等。

众包数据是市民、企业在网络空间工作和生活中产生的社会活动数据，来源包括媒体、社会网络服务、通信等。

城市综合管理数据是围绕城市管理的需要，按需以主题的方式，通过对城市公共数据、业务运行数据、感知数据、众包数据进行跨部门的抽取、清洗和整合形成的数据。

5.5.6 安全架构

完善网格化、立体化社会治安防控体系，提升公共安全社会保障水平。提高异构系统的兼容性，消除智慧城市安全体系建设中的信息壁垒和信息孤岛的问题，提供多种类型的信息服务接口，实现视频系统与智慧城市不同功能间高效的动态联动与无缝对接。促进信息资源共享，实现综合执法、应急指挥和公共安全管理等方面协同发展。

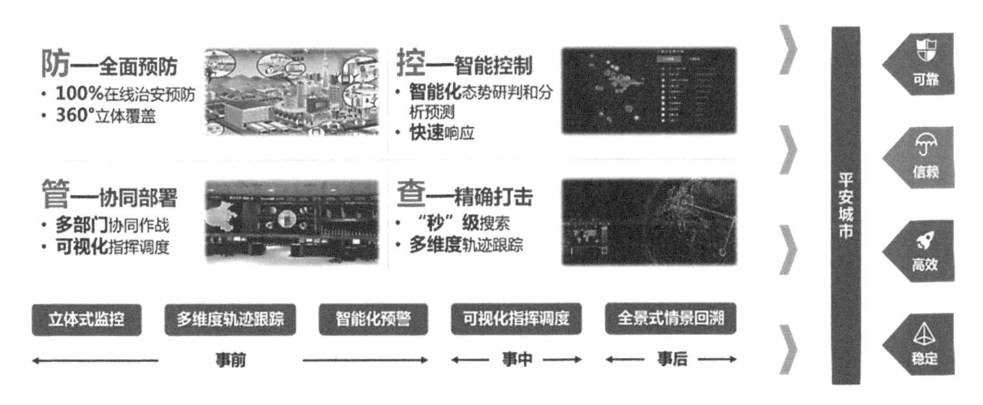

图5-7 安全架构体系图

1）提升治安管理水平

提升全域公共安全管理能力，加强对商业区域、娱乐场所、交通枢纽、案件多发地等重点地区的治安防控，建设基于大数据的打击犯罪信息平台。利用物联网、危险物品的全流程追溯等技术，建设完善的治安防控信息监管体系。整合公安、城管、国土资源、安监、卫生、环保、水务、旅游、气象、防震减灾等部门及各社区的视频监控资源，逐步实现基于视频协同云平台的视频资源融合共享。制定视频监控资源分级制度，实行分用户、分级别、分权限的资源共享。

2）建立应急指挥体系

构建综合应急指挥平台，统筹建设市（区）级应急平台和公安、气象、水利、交通、林业、安全生产、防震减灾、人防、港口口岸等部门专业应急平台，实现应急指挥平台与部门应急平台的融合共享，全面提升应急管理信息化水平。构建区综合应急指挥中心，建立跨部门、跨层级的应急联动机制，构建应急指挥决策支持系统，逐步完善应急数据资源，实现对全市范围内各类突发事件的监测监控、信息报告、综合研判、指挥调度、移动应急指挥和异地会商。同时，构建完整的实战指挥体系，推进手段先进、资源丰富的一体化实战指挥调度平台建设，大力加强不同层级指挥中心和基层派出所勤务指挥室的系统终端对接联动，确保纵向贯通、层级互联、指挥顺畅。

3）加强安全生产监管

加强高危行业和重点领域的安全监管，大力推进企业安全生产信息化建设和物联网技术应用。开发综合业务管理系统，对重大危险源进行监管，提升安全生产业务信息化水平，提升事故调查与调度管理效能，实现区、县、乡（镇、街道）多级的安全生产网格化监管。在原有安全生产监管监察与应急救援系统基础上，利用视频和传感器在线监测重大危险源。通过对海量安全生产数据的挖掘，建立大数据模型，分析安全风险和研判安全形势。建立应急救援预案、预测预警、协调指挥机制，进行三维模拟演练，实现监测信息实时、决策管理科学、应急处置快捷。

第6章　业务应用谱系

本章根据四个城市定位、N个应用领域及智慧应用，通过信息化、智慧化、数字化的手段，支撑新型智慧城市总体战略目标。

四个城市定位，是指构建无处不在的惠民服务，打造融合创新的产业经济环境，打造精准精细的城市治理和建设绿色宜居的智慧和谐社会。

N个应用领域，是指智慧教育、智慧医疗、民生保障、智慧文旅、智慧体育、传统产业数字变革、新型数字产业集聚培育、智慧商贸、数字经济协同发展、数字政务、城市运营、平安治理、生态文明、精神文明、未来社区和众创乡村。

6.1　构建无处不在的惠民服务

加快推进智慧教育、智慧养老、智慧医疗、智慧文旅、精准体育等建设，有效发挥信息化在促进公共资源优化配置中的作用，促进信息化创新成果与民生服务深度融合，形成线上线下协同、服务监管统筹的移动化、整体化、普惠化、人性化服务能力，全力保障和改善民生，切实解决市民最关心、最直接、最现实的民生问题，不断满足人民日益增长的美好生活需要，真正把民生实事办成顺应民意、贴近民情、排解民忧的新工程。

6.1.1　智慧教育

以信息技术实现教育教学的融合创新应用为核心理念，破解制约城市教育发展的瓶颈问题，促进教育创新与变革。基于先进、灵活、开放的云计算基础架构，采用“智慧云服务＋智慧网络＋智慧终端”三位一体的智慧教育解决方案，构建智慧教育创新模式，实现信息技术与教学应用的深度融合，全面提升师生教育信息化水平，以教育信息化带动教育现代化，最终形成全方位、多层次、立体化的智慧教育新格局，实现教育跨越式发展，为构建智慧社会、学习型社会奠定坚实基础。

（1）通过系统整合服务，可以快速、便捷地整合原有各类应用系统，实现各业务系统的统一认证、单点登录及数据共享，并且为后期新系统上线提供统一开放标准接口，有效地解决信息孤岛和数据标准不统一等问题。

(2) 打造教育云数据中心，建设教育局可视化监管中心，进行全市教育大数据分析与成果展示，对教育活动及教育管理提供智慧化决策依据。

(3) 以适度超前的标准，对现有网络基础设施进行智慧化改造，构建智慧教育的新一代教育城域专网。实现网络的宽带化、泛在化、融合化、智能化，为构建高速应用服务和全面的智能感知环境提供足够的网络支撑。

(4) 借助5G、人工智能(AI)、虚拟/增强现实(VR/AR)等先进技术手段，建设智慧教室、多媒体教室、录播教室、虚拟实验室、创客教室等，为教师教学和学生学习提供高效、智能、创新的智慧环境。

(5) 建设大数据分析平台，从基础信息、教学行为、学习行为、资源建设状态、平台运行情况五个维度分析，为相关领导和部门动态展示教育运行状况，以及教育运行的异常情况提供支持，实现智慧化决策。

(6) 构建教育智慧应用服务，包含智慧教学、智慧研修、智慧管理、智慧评价、智慧生活五大类应用服务。面向教育管理者、教研员、教师、学生、家长提供统一门户服务，提供契合不同使用者角色需求的访问空间服务。

案例6-1 智慧教育建设重点

教育信息化建设基于先进、灵活、开放的云计算基础架构，采用“智慧云服务+智慧网络+智慧终端”三位一体的智慧教育解决方案，构建智慧教育创新模式，实现信息技术与教学应用的深度融合，全面提升师生教育信息化水平，以教育信息化带动教育现代化，最终形成全方位、多层次、立体化的智慧教育新格局，实现教育跨越式发展，为构建智慧社会、学习型社会奠定坚实基础。其建设总体架构如下图所示。

(1) 云基础设施。打造教育云数据中心，提供高效、可动态伸缩的计算、存储、网络等各类基础云资源与云安全防护，通过部署IaaS管理平台实现对计算、存储、网络资源的动态弹性管理和调度。

(2) 智慧网络。以适度超前的标准，对现有网络基础设施进行智慧化改造，构建智慧教育的新一代教育城域专网。实现网络的宽带化、泛在化、融合化、智能化，为构建高速应用服务和全面的智能感知环境提供足够的网络支撑。

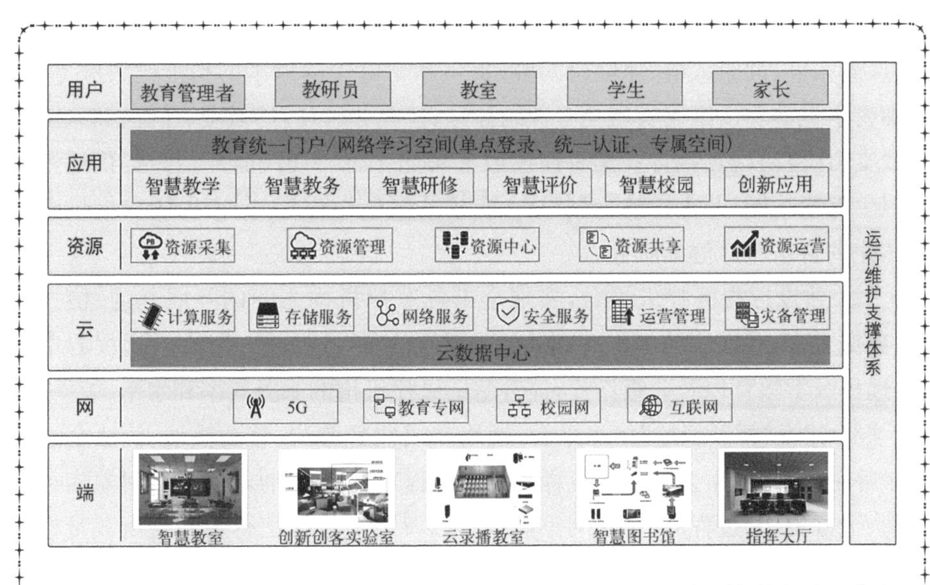

(3) 云应用服务。提供大数据分析服务，从基础信息、教学行为、学习行为、资源建设状态、平台运行情况五个维度分析，为相关领导和部门动态展示教育运行状况，以及教育运行的异常情况提供支持，实现智慧化决策。

(4) 智慧终端。借助 5G、人工智能(AI)、虚拟/增强现实(VR/AR)等先进技术手段，建设智慧教室、多媒体教室、录播教室、虚拟实验室、创客教室，为教师教学和学生学习提供高效、智能、创新的智慧环境。

(5) 系统整合。通过系统整合服务，可以快速、便捷地整合原有各类应用系统，实现各业务系统的统一认证、单点登录及数据共享，并且为后期新系统上线提供统一开放标准接口，有效地解决信息孤岛和数据标准不统一等问题。

6.1.2　智慧医疗

医疗卫生信息化的不断深入和快速发展，对医疗信息化提出了更高的建设要求，从智慧医疗整体规划角度来说，依然存在医疗健康数据共享程度不高、临床医疗影像资源互相独立、医疗行业垂直系统烟囱林立、医卫行业领导决策支撑较少、医疗互联网服务各自为政和医疗信息安全亟待提升等问题。通过智慧医疗平台建设，完善居民个人医疗信息服务，提高医疗卫生机构服务效率，增强公共卫生专业机构疾病预防、卫生监督的能力，提升卫生行政部门管理水平。

(1) 建设统一便民服务门户,依托"互联网+医疗健康"信息平台,为社会公众(疾病人群、健康人群、亚健康人群)提供基于电子健康卡的精准健康服务,通过加密手机动态二维码实现免卡预约挂号、智能分诊、门诊缴费、住院结算、医保在线支付、检验检查报告查询等便民服务功能。统一便民服务门户提供通用医疗卫生健康功能,并支撑整合到 App 或相关微信小程序,向市民用户提供全面一体化的智慧医疗健康服务。

(2) 建设远程医疗云平台,实现全市各医疗机构之间的互联互通、信息共享、数据共享,有助于各级医疗机构远程影像诊断、远程病理诊断、远程心电诊断、远程医学教育以及分级诊疗,提升基层医疗机构的服务效率和水平。

(3) 建设"智慧卫监"信息平台,运用在线监督监测、移动执法、执法全过程记录等手段,将卫生监督业务流程与信息流程完全融合,推进对监管对象实行全行业、全方位、全过程的"互联网+监管",以及对监督执法行为和自由裁量权的规范管理,实现卫生监督工作的协同高效、科学规范。

(4) 通过建立卫监大数据,开发利用卫生监督信息资源,做到一网多用、资源共享,为政府和卫生计生行政部门提供宏观管理和决策的数据支撑,为公众提供"双随机、一公开"、重点监管、信用监管、行政处罚、消费预警等信息服务,实现卫生监督信息的互联互通、公开透明。

(5) 建设区域健康智能应用,以预防和控制疾病发生与发展、降低医疗费用、提高生命质量为目的,通过健康信息采集、健康检测、健康评估、个性化监看管理方案、健康干预等手段持续加以改善。

案例 6-2　智慧医疗建设重点

构建基于城市大数据平台的智慧医疗应用,依托市数据交换共享平台、市云平台,建设卫健委向横向部门互通的智慧医疗数据主题库,为市民医疗服务、公共卫生、药品供应保障、医保结算服务、健康教育、公众服务和行政监管等方面提供全天候、全覆盖、全方位的应用技术支撑和应用服务,通过应用整合和数据整合实现区域医疗健康信息互联互通、应用协同,为居民提供全生命周期健康医疗管理服务和公共卫生服务;为医疗机构和医护人员打造互联网+医疗健康服务的基础支撑条件;为卫生健康管理部门提供对卫生健康业务及互联网服务的全方位监管服务。

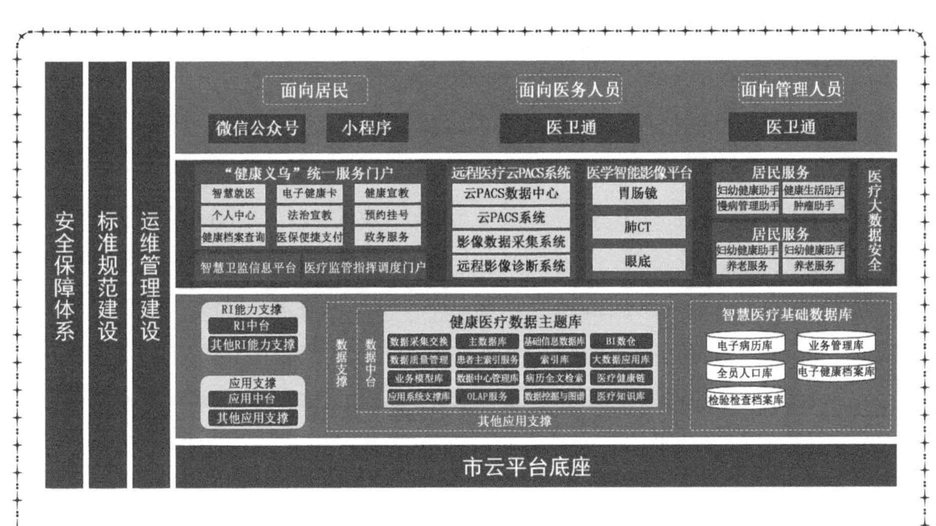

(1) 服务领域。面向居民提供 App、微信公众号和小程序等触达工具，通过医疗卫生协同管理中心向医务人员、管理人员提供服务支撑工具。

(2) 应用领域。建设统一便民服务门户、远程医疗云 PACS、医学智能影像平台、区域健康智能应用、医学辅助诊疗、医疗监管指挥调度门户、智慧卫监信息平台和医疗大数据安全。

(3) 数据领域。从智慧医疗基础数据库对基础业务数据进行清洗、治理后，形成六大类主题分析，用于卫生监督及管理决策。

(4) 安全领域。从患者隐私和信息安全两个方向着手，建设从医院到数据大脑连接网络的安全防护体系。

6.1.3　民生保障(医保、养老、就业、特殊人群)

民生保障致力于医保、养老、就业、特殊人群保障等领域，针对医保骗保屡禁不止、监管难度大，养老服务信息化水平不足，就业数据整合难、劳动力转移就业监管难，特殊人群定位管理困难、安全隐患大等问题，依托智能传感、物联网、大数据、云技术等技术，实现智慧化民生保障。

(1) 建设智慧医保监督平台，提供人脸数据生产、数据采集治理、数据建模分析、数据可视化展示等功能，实现了对医保骗保人员的有效监控和定位，打击医保骗保人员，减少骗保事件的发生，保护真正医保需求者和国家利益。

(2) 建设居家养老服务平台。通过信息化手段为老年人提供远程看护、上门服务、安全预警等居家养老服务，重点是面向居家养老模式提供信息服务，构建感知、服务、调度的三级服务体系，通过智能感知实现对老人信息的智能采集分析，也可通过服务呼叫终端触发服务请求，由调度中心调度社区服务机构向老人（尤其是独居老人）等提供快速、畅通、安心的紧急求助服务，提升养老服务水平。

(3) 建设机构养老服务平台。基于物联网技术、IT 技术，对养老机构的资源（人力资源及资产设备等）统筹管理、提供服务，并为医保、民政等管理机构和护理老人的家属提供信息接口和互动窗口，形成多方互联互通的管理、服务一体的综合性智慧平台，进一步保障老年人的安全健康，提升养老机构管理水平，推动机构养老向“智能管理，品质养老”的全新阶段迈进。

(4) 建设智慧就业平台。通过就业数据资源统一管理、多端就业服务系统、劳动力转移就业可视化监测，提高城市就业服务能力，完善城市就业失业统计指标体系。

(5) 建设特殊人群管理平台，通过监管平台与智能矫正终端的紧密结合，提升特殊人群管理能力。

6.1.4 智慧文旅

基于 5G、云计算、大数据、物联网、人工智能等前沿技术，以技术推动旅游产业融合发展为使命，围绕旅游行业监管、安全保障、游客服务、产业发展四大主线，构建部门联动综合管控、大数据行业监测分析、产业运营管理、一机游综合服务四大核心应用。联动当地涉旅企业，强化政府监管，优化市场秩序，促进旅游产业繁荣发展；以大数据分析应用为手段，及时掌控市场舆情，精准解读旅游数据背后的信息，促进旅游产业综合发展，带动产业转型升级，实现全域共同繁荣。

(1) 建设智慧旅游管理平台。在数据采集、整合、共享和开放方面，将建设吃、住、行、游、购、娱等旅游体资源库，依托并完善旅游数据资源管理系统，实现与各类旅游体数据资源之间的共享与交换；实现对景区、文化场馆、长三角入境旅游、高铁站、乡村等全域旅游监测，利用大数据手段分析旅游运行态势；实现便捷的旅游企业及旅游从业人员的监督和管理，营造良好的诚信氛围和旅游市场环境，促使旅游企业、旅游从业人员及时改进服务质量。

(2) 建设智慧旅游营销平台。整合旅游产品资源，丰富旅游产品结构，实现全域旅游产品的覆盖；结合智慧旅游产品销售渠道进行全球产品销售，提高经营收入，加速资金周转速度，实现可持续的经营发展。分析出渠道的推送效果，优化发布内容，提高用户黏性，帮助管理部门更好地经营新媒体发布渠道，让发布的内容越来越优质。通过游客大数据精准画像，为游客提供精准服务短信推送。

(3) 建设智慧旅游公共服务平台，包含门户网站、移动端小程序，为游客提供吃、住、行、游、购、娱、商、学、养、闲、情、奇，行前、行中、行后全行程的贴心服务和良好体验。

案例6-3 智慧文旅体系建设重点

智慧文旅平台建设主要分四层结构，分别为基础设施层、数据层、应用层、展示层；同时依靠信息安全体系、运维保障体系、标准规范体系这三个体系来支撑整个平台的安全保障和规范运行。整体架构如下图。

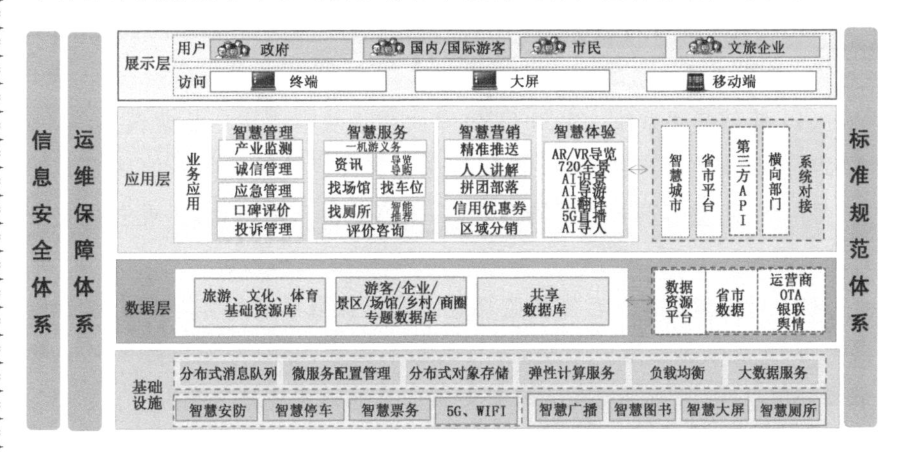

在应用层又分为智慧管理、智慧服务、智慧营销这三大体系来实现文旅平台的各种功能和服务。

1. 智慧管理体系建设

(1) 文旅数据中台。在数据采集、整合、共享和开放方面，将建设吃、住、行、游、购、娱等文旅体资源库，依托并完善文旅数据资源管理系统，实现与各类文旅体数据资源之间的共享与交换；依托城市大脑平台数据资源中心完成与区其他部门数据资源之间的共享交换。

(2) 产业监测。文旅大数据分析系统内容主要包括全域文旅监测、游客监测。融合银联、OTA、微博等第三方数据，以行业监管和服务于游客为根本出发点，利用大数据手段分析文旅运行态势。

(3) 应急管理。文旅应急指挥调度提供综合性平战结合的综合应急功能，融合突发事件预警、突发事件辅助评估、突发事件动态监测、资源机动调配功能，实现突发事件及相关信息的处理、分析、发布和应急反应工作。

2. 智慧服务体系建设

通过公共平台全程规划游客旅程，提供集游客服务、景区服务、文旅体公共资讯服务、信息服务于一体的全方位服务，创新型地采用慢直播、AI识景、人脸识别等新型服务手段，满足游客游前、中、后的各项需求。旅游过程中的所有问题都可以通过这一平台解决。产业运营方可通过系统提供的功能实现商户管理、分销商管理、资源管理、运营管理、统计与报表等场景应用，平台旨在帮助运营商企业进行产品和服务整合创新、系统营销策划、区域运营等服务。

3. 智慧营销体系建设

(1) 营销管理系统。采用O2O模式打造城市文旅产品营销系统，一方面整合自有旅游产品资源，实现对自有旅游产品销售体系的建设和管理；另一方面，整合其他旅游产品资源，丰富旅游产品结构，实现全域文旅产品的覆盖。

(2) 新媒体运营。新媒体监测系统通过抓取各新媒体平台上旅游网络大V、意见领袖的用户数据，分析其影响因素，寻找与旅游形象契合度最高的用户群，从而进行深入与针对性的目的地营销与产品推广。

(3) 人人讲解。人人讲解系统将游客的需求放在首位，根据游客的个性化需求提供相应的讲解服务，并充分考虑特殊人群的需求，改变传统的导游、讲解员现场讲解模式，将旅游讲解从线下移至线上，扩大旅游讲解传播渠道，拓宽旅游讲解受众。

(4) 数字游客集散中心。基于游客个性化的旅游需求，为游客打造“团队游”的价格和服务，帮助游客提前做好旅游线路规划，让游客能享受到团队出行的价格。用户在使用游客数字集散中心时可以按照自己个性化旅行需求规划自己的旅行行程。

6.1.5 智慧体育

现代城市普遍存在亚健康明显、疾病多发、社保支出快速增长、体育信息化不足、体育公共设施利用率不足、青少年身体素质降低等问题。基于大数据、云计算、物联网等技术，集竞技体育、全民健身、体育产业于一体，融合教育、医疗、文旅等的“智慧体育＋”资源的城市智慧体育生态将助力经济转型升级、产业消费升级，助力体育现代化强市、足球城市建设。

（1）构建体育基础设施智慧化，实现精细化管理，提高资源利用率。

（2）建设全民健身服务平台，满足群众健身消费需求特点，打造人性化、便捷化的智能健身服务平台，实现“App在手，体育信息全有”。

（3）建设智慧赛事平台，提供赛事多子系统、多模块，打造AI＋智慧精品线定向赛、热点足球赛等新IP，丰富体育赛事、以体促旅，提升城市吸引力。

（4）建设全民健身大数据平台，实现数据化运营、场景化运营，提供政府辅助决策。

案例6-4　智慧体育馆建设重点

智慧体育馆包括全民健身公共服务系统、场馆WIFI系统、体育大数据决策服务系统三个子系统，实现各系统之间信息互通，资源共享，服务统一。

1. 全民健身公共服务系统

（1）场馆预订服务。采集各赛事官方信息源，采用“三屏合一”移动互联网云技术全方位支持用户预订场地，用户可以通过App客户端、微信公众号、H5手机网站随时随地预订场地。

（2）全民健身GIS地理信息服务。通过搭建全民GIS地理信息服务系统，为全民健身地理信息服务和综合定位服务，组建全民健身地理信息基础框架，建设各场馆设施专题子系统，场馆详细信息查询，分类展示，重要健身设施标注，提供在线预订功能。

2. 体育场馆无线WIFI系统

为场馆方提供网络接入认证管理功能，可以自行设置或微信认证；基于Wi-Fi探针功能，收集体育场馆人流数据，提供客流数据分析服务，了解实时客流情况，以可视化方式从多个维度展示用户的行为轨迹，提供用户画像、客流分析等数据分析服务。

3. 体育大数据决策服务系统

结合场馆预订服务数据，GIS地理信息服务数据，体育场馆无线WiFi数据，创建客群来源分析、客群特征分析、客户消费分析、区域人口热力、区域通勤便利、综合指数评估建议等决策分析服务。

6.1.6 文化提升

继续推进文化惠民，持续深挖优秀传统文化、加快建设文化场馆，并基于物联网、云计算、大数据、视觉应用等技术，进行文化场馆智能化改造，整合数字文化资源，提升公共文化服务的品质，不断提升人民群众的精神文化生活。

（1）建设公共文化服务平台，整合资讯、数字场馆、培训等数字文化资源，提供一站式公共文化服务。

（2）构建智慧博物馆，实现博物馆的智慧管理、智慧保护和智慧服务，让博物馆具备“分析”能力。

（3）构建智能图书馆，以用户为中心，提供智能化服务，为人才培养、科学研究、文化传承、服务社会提供智慧化服务。

6.2 打造融合创新的产业经济环境

6.2.1 传统产业数字化变革

伴随着数字技术的深入应用，加快传统产业的数字化转型，已经成为深化供给侧结构性改革、推动制造业高质量发展和更好发展数字经济的重要一环。具体来看，传统产业数字化转型主要有以下几个现实路径。

1）以智能制造为重点推动企业数字化转型

打造“本地制造”品牌，推进“互联网＋智能制造”是企业层面加快数字化转型的主攻方向。

（1）强化企业数字化技术改造，应用5G、边缘计算、物联网、云计算和自动化控制等技术，对机器设备和生产流程等进行优化更新，使企业从单机生产向网络化、连续化生产转变，显著提升企业的生产效率与产品品质。

（2）开展中小企业工业互联网基础性改造，推动低成本、模块化设备和系统的部署实施。

（3）大力推广智能制造新模式，着力打通中小企业生产过程各环节的全数据链，鼓励企业深入挖掘数据价值，促进设计、生产、物流、仓储等环节高效协同。

（4）培育一批工程技术服务企业，面向重点行业建设智能制造单元、智能生产线、智能车间、智能工厂，通过示范推广、技术对接，引导企业应用先进技术和智能化装备，推进存量装备智能化改造，推进企业智能制造水平大幅提升。

案例6-5　智能制造

广东长盈精密技术有限公司主营业务是智能手机金属外观件、工业机器人、自动化集成和智能装备，生产销量最高峰是900万支一个月，相当于在全球每10个人用的智能手机壳有一个是来自他们工厂。该公司在两年前就已经进行了机器换人和自动化改造，从2018年第一季度开始进行工业数字化改造和升级。

1. 痛点

机器换人主要解决劳动力成本上升的问题，进行数字化改造主要是降低成本，因为金属加工的程序非常多，管理过程中数据不透明。一方面是数据采集，过去是采用纸质文档人工采集数据，存在采集时间比较长、数据难保存、员工容易篡改数据、数据分析难度比较大等一系列的问题。另一方面是数据分享，每个部门都有自己的流程和系统，没有统一的数据统计口径，整体的生产运营缺乏统一真实的数据，如果生产出现问题比较难追溯。

2. 解决方案

针对长盈精密以上痛点，首次大规模采用无线传输数据，统一收集整理，让不同品牌型号的设备用同一种语言相互沟通协作，建立了这样的基础之后，对它的数据进行分析，用算法驱动的智能App贯穿生产运营管理的各个环节，快速帮助企业提升效率、减少出错率。像长盈精密这样的制造企业，生产周期不长，所以生产线上的机器调整是非常频繁的。在接入了数途信息科技的大数据系统之后，长盈精密OEE设备全局开动率从50%提升到60%，但是依然还有20%的空间(相当于同样产能可少投资购买30%的设备)。

2) 以平台赋能为重点推动行业数字化转型

以时尚消费、汽车制造、光电电子、医药健康等重点行业等为突破口，依靠行业内的龙头企业、互联网平台企业等为主导，根据具体行业的特点等，引导其通过完善运营机制、共享数据资源，选择不同的作用点和方法推动行业数字化转型。

(1) 加快自主可控的数字化赋能平台建设，推进工业互联网平台在重点行业的推广应用。

(2) 推动工业互联网关键资源与工具的共享,加大投资力度,服务好中小企业,依托工业互联网平台资源降低中小企业数字化门槛。

(3) 培育一批基于数字化平台的虚拟产业集群,充分挖掘全社会创新创业创造资源,构建以新型工业操作系统和工业App架构为核心的智能服务生态,逐步形成大中小企业各具优势、竞相创新、梯次发展的数字化产业格局。

案例6-6 工业互联网平台

1. 痛点

佛山市顺德区高力威机械有限公司是一家玻璃深加工机械设备制造及智能工厂技术整合服务商,原本是一个传统的企业,在转型升级的过程中,不再仅仅提供单台设备,而是可以提供智能化工厂。因此,随着设备数量和供应商的增长,整个供应的难度越来越大,只要有一个零部件不能上线,整个供应链就不能完成。其面临的主要痛点有以下几个方面:第一,供应的信息不对称。第二,效率比较低,因为图纸比较多。第三,结算比较慢。第四,履约能力差,供应商的质量评价,要进行管控难,另外是整个招标的管控难。

后来采用携客云,主要原因是:第一,携客云可以当天部署协同。第二,能够在两周内让所有的供应商上线。第三,携客云可以让工厂和供应商在线工作,实现数据共享,速度共享。第四,解决供应协同"信息透明、效率倍增、结算简单、履约受控"的四个问题。

2. 解决方案

在高力威的示范作用下,佛山一大批各细分行业的装备龙头企业已经纷纷启用上线,通过主机厂带动供应链企业上平台快速协同工作,逐步形成了产业链资源在云上集群。目前在携客云上,最多的企业已经有近400家供应商的供应链业务在线化,供应商企业最多连接7家客户企业,已经开始织出产业链和跨产业链网络化在线协作的趋势。未来,产业在线化的供应链大数据,将逐渐为每家企业提供智能化的经营和决策支持,协助企业运用数据来创新他的制造优势与生意模式。

3) 以生态建构为重点推动园区数字化转型

产业园区是产业发展的重要载体,对引导产业集聚、促进体制改革、改善投资环境有重要作用，推进园区数字化转型、建立智慧园区生态体系是目前产业集聚、培育、发展、壮大最重要的一环。

(1) 建立统一的以园区管理、运营平台为基础，以产业服务平台为核心，以大数据运营平台为支撑的智慧园区管理平台(园区大脑)，为产业园区提供数据汇集、产业发展状况分析、行业发展趋势预测等功能，有效服务产业发展，形成产业集聚效应。

(2) 增加企业管理、园区数据统计、物业管理、视频监控、党建等基础管理模块和招商管理、能源管理、云办公、资产管理等扩展应用模块，为有需要的园区提供园区平台管理功能和 saas 应用服务，按需收费，最大限度地节省投资。

(3) 对接已有的各个产业园区自有的管理平台，打通数据通道，开放平台具备的所有 saas 服务功能，逐步替代园区自有的管理平台，做到统一管理，统一数据汇集，更好培育新动能，打造良性循环的数字化生态。

案例 6-7　智慧园区建设重点

以义乌智慧园区建设为例，由于目前没有统一的智慧园区 OS 管理平台(园区大脑)，且众多产业园区和小微园区智慧化建设程度也不一致，需建立统一的智慧园区 OS 管理平台，实现统一云门户、统一用户管理、统一消息服务、应用服务集成、数据共享交换、移动办公 SDK、资源信息接口等功能；增加基础管理功能，实现入园企业管理、园区数据统计、视频安全监控、园区物业管理、智慧党建等功能；按需增加扩展功能模块，实现充电桩管理、快递管理、招商管理、消防安全管理、能源管理、污染监控管理、电梯安全管理、园区云桌面办公系统、园区协同管理、园区资产管理等功能。如下图所示。

具体建设步骤如下。

步骤一　由政府(经信局)牵头建立统一的智慧园区 OS 管理平台(园区大脑)。

步骤二　根据各园区不同的智慧化建设进度选择园区不同的建设内容。

园区 1(已建园区管理平台)：利用原有园区管理平台、利用或新建基础设施、可使用智慧园区 OS 管理平台的 saas 服务。

园区 2(新建园区管理平台)：园区再建一套管理平台、利用或新建基础设施、可使用智慧园区 OS 管理平台的 saas 服务。

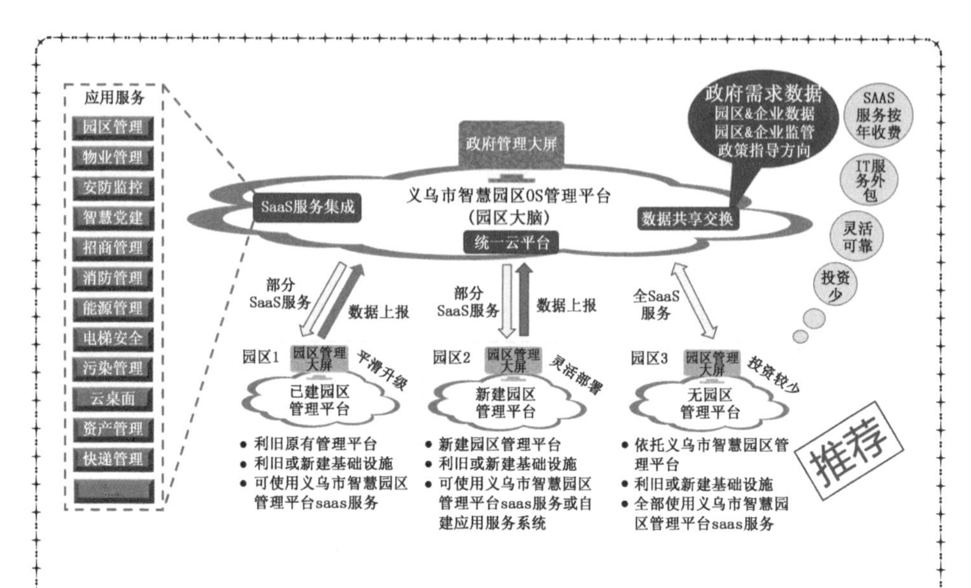

园区 3(不建园区管理平台):园区没有管理平台、利用或新建基础设施、全部使用智慧园区 OS 管理平台的 saas 服务。

步骤三　为了统一数据以及便于管理,并考虑到减少后期设备扩容及运营维护服务费用,建议将园区 1 类型和园区 2 类型的管理平台统一移接到智慧园区 OS 管理平台。

6.2.2　新型数字产业集聚培育

新兴数字产业代表新一轮科技革命和产业变革的方向,是培育发展新动能、获取未来竞争新优势的关键领域。要把新兴数字产业摆在经济社会发展更加突出的位置,构建现代产业体系,培育发展新动能,推进改革攻坚,提升创新能力,深化国际合作,有力支撑全面建成小康社会。

1) 电子信息制造业(围绕智慧城市发展关联产业)

大力发展智慧城市电子信息制造业,推动人工智能产业示范区建立,打造 5G 产业发展引领区,构建物联网典型示范应用,推动新一代战略性电子电器产业制造业建设。

(1) 以产业跨界融合和智能化发展为主攻方向,抢抓人工智能发展先机,加快计算机视听觉、新型人机交互等应用技术产业化,建设领先的人工智能产业示范区。

(2) 抢抓第五代移动通信(5G)发展的窗口期,推进核心技术、标准以及关键产品研制,加大应用推广力度,打造5G产业发展引领区。

(3) 顺应万物互联发展新趋势和新要求,加速构建物联网商用网络,大力推进物联网典型示范应用。加快发展壮大新型显示、智能网联汽车、智能硬件、高端软件等产业,前瞻布局柔性电子、量子信息等前沿高端领域。

(4) 加快发展新一代战略性电子电器产业,促进电子电器产业转型升级。重点招引LED光电产业链项目、通信研发、生产项目,智能家居产业链项目,大力发展以电子信息产业为核心的电子电器制造业。积极发展车联网设备、3D打印等智能产品。

2) 软件与信息技术服务业

软件和信息技术服务业是信息产业的核心,具有高附加值、高带动性、高辐射力和高渗透性等特征,是国家鼓励发展的战略性、基础性和先导性产业。大力发展软件和信息技术服务业对城市推动经济社会转型升级,实现有质量的稳定增长和可持续的全面发展具有重要意义。

(1) 软件和信息技术服务业是信息产业的核心,大力提升软件与信息技术高带动性、高辐射力和高渗透性等特征,大力发展软件和信息技术服务业,推动经济社会转型升级,实现稳定增长和可持续的全面发展。推动软件与信息服务产业发展由高速度向高质量跃升。

(2) 强化全面质量管理、高度重视软件测评,实施国际化标准,建立与网络化时代及云计算发展相适应的软件质量体。大力发展具有关键核心技术和重大社会价值、引导产业发展方向的高端软件,增强信息技术服务业掌控能力,抢占行业制高点。

(3) 基础软件、嵌入式软件、中间件及开发平台、关键行业应用系统、新兴信息技术服务等领域实施高端软件专项,提出引导方向,对项目研发予以重点支持。

(4) 鼓励软件和信息技术服务企业紧跟产业变革步伐,开展商业运作、产品部署、技术开发等模式创新,推进产业由封闭向开放、由产品向服务、由线下向线上转型,不断培育发展新模式新业态。

3) 新兴技术产业化

新兴产业代表未来科技和产业发展新方向,对经济社会具有全局带动和重大引领作用的产业。推动在大数据、云计算、物联网、区块链等领域建设,打造政、产、学、研、用一体化智慧城市产业基地。

(1) 培育发展大数据和云计算产业。大力支持大数据、云计算、移动互联网产业的发展。着力推进商品交易大数据中心建设，构建布局大数据产业链。

(2) 推动区块链、5G等率先应用于投资便利和贸易便利等领域，利用“互联网+”助推文化交流、经贸投资往来和城市管理水平方面的国际化高标准。

(3) 积极开展战略合作，建设立足本地、辐射周边的电子商务应用云。探索发展北斗系统终端集成和系统集成等应用类的北斗系统产品及相关的运营服务。加快建设移动互联网、物联网、云计算等企业，打造政、产、学、研、用一体化智慧城市产业基地。

6.2.3 智慧商贸

随着电子商务的快速发展、消费升级和交通环境的扁平化，专业市场的传统批发功能、流通集散功能和市场竞争优势正在逐步弱化。而移动互联网、大数据、人工智能技术的发展带来了消费特征与交易方式的巨大变革，促进了消费者主权的形成，我们正进入一个个性化升级的新消费时代。

1) 智慧市场(市场商户管理服务体系)

传统市场的以“商铺租赁”和“商品为王”的经营方式已经不适应消费趋势的变化，实现传统商业与现代科技融合的智慧市场，是专业市场蝶变的内生力量。

(1) 建立市场商户服务平台，将过去单一的物理交易场所转变为面向商户、消费者、生产厂家、设计师的赋能中心。

(2) 通过智慧停车、AR\VR沉浸式体验、智慧导购等应用功能解决客户停车难、寻店难、吃饭难、定制难等问题。

(3) 增加商户经营管理模块，帮助市场内商户实现线上、线下全渠道订单、库存、营销、财务、物流、客户服务信息的贯通和同步管理，满足商户经营管理的刚性需求。

(4) 以商户云服务平台为服务商户的通道，整合并接入市场内外部物流、金融、信用、线上线下流量、设计、工厂等资源，打通上游工厂、商户、下游买家产业链，实现市场客流、商品流、资金流、物流、信息流的汇聚。

(5) 通过采集与分析消费者的喜好、习惯、能力和需求，设计各种算法生成AI工具，为商户、买家、消费者、工厂、设计师、管理方等不同的商业主体赋能，提高其效率和体验，实现终端渠道消费数据与设计环节互通。

案例6-8 智慧市场建设重点

通过智慧市场应用平台、移动App等手段，打造一体化的智慧市场平台及应用，为商圈商家提供基于移动互联网与线下手机交互消费于一体的综合消费体验。智慧商圈总体架构由智能感知层、网络传输层、数据资源层、应用服务层以及营销展示这五层构成，面向政府、客户、市场、商户，由此形成统一、柔性、可扩展的有机整体。具体架构如下图所示。

面向对象	智慧应用					信息基础			
政府	营销展示	应用服务层				数据资源层		网络传输层	智能感知层
商圈	APP	综合管理类		消费服务类		商圈数据中心	商圈云计算中心	光纤宽带网	传感器
商城	微信	会员管理	智慧交通	智能导购	便民服务	商品信息	公有云	移动通信网	摄像头
商户	微博	智能POS	商户管理	智能营销	移动支付	交易信息	私有云	无限局域网	智能终端
顾客	网站	安全管理	物流管理	互动体验	售后服务	客流信息	混有云	蓝牙	嵌入式芯片
	智能导购终端	客流分析	应急管理			会员信息			传感网和网关
			协同平台类			商户信息			
	多渠道线下服务	综合管理支撑平台		消费服务支撑平台					
		大数据分析平台							

(1) 智能感知层。由物联网硬件设备组成，包含传感器、摄像头、智能终端、嵌入式芯片、传感网和网关等，主要构建整个智慧商圈的底层硬件基础。

(2) 网络传输层。由光纤宽带网、移动通信网、无线局域网、蓝牙网构建整个商圈的网络系统，增强信息网络综合承载能力和信息通信集聚辐射能力，提升信息基础设施的服务水平和普遍服务能力，满足商户及顾客对网络信息服务质量和容量的要求。

(3) 数据资源层。由商圈数据中心和商圈云计算中心构成，其中商圈数据中心包含商品信息、交易信息、客流信息、会员信息以及商户信息等，此中心主要汇聚商圈的数据；商圈云计算中心，可以是公有云、私有云或者混合云构成，将商圈资源与服务统一部署在云计算数据中心。

(4) 应用服务层。由面向商户的综合管理类和面向顾客的消费服务类构成，其中综合管理类包含会员管理、智能交通、智能POS、商户管理、安全管理、物流管理、客流分析以及应急管理等功能；消费服务类包含智能导购、便民服务、智能营销、移动支付、互动体验以及售后服务等功能。通过大数据分析平台、综合管理支撑平台、消费服务支撑平台，协同实现以上多种应用服务功能。

(5) 营销展示。采用App、微信、微博、网站、智能导购终端等多种营销展示方式，并提供多种线下服务渠道。

2) 信用市场

平台建设主要为四部分：数据的归集、评价、应用、奖惩。为完善信用市场建设，还需继续推进保障体系、支撑平台和信用生态方面的建设。

(1) “办事不求人”保障体系。办事不求人，信用就是通行证。将信用嵌入“一网通办”“一网统管”，建立以信用为核心的差别化审批、监管、服务机制，让守法守信主体享受“容缺受理、承诺替代”等办事便利措施、“少上门、不上门”的监管“白名单”和“优先享受、精准推送”的政策服务“红利”，让企业可以“一心一意谋发展”。

(2) “干实试验区”支撑平台。干实试验区，信用创造价值。创新信用在商贸和涉外领域应用，搭建商贸信用体系，推出以数字贸易平台为依托的风险预警和普惠金融服务，打造信用经济试验区。构建“金融超市”，建立信用信息、需求信息、金融产品三者互为融通的“一站式”金融综合服务平台，实现基于信用大数据画像的信贷精准匹配，打造永不下线的“银企对接会”。

(3) “最优营商环境”生态保证。最优营商环境，信用改变城市。不断强化守信激励、失信惩戒，在全社会形成不敢失信、不能失信、守信光荣的氛围，进而从他律守信演变为自觉守信和各主体间“互信”的信用环境，并有效降低管理、交易、沟通等社会运行成本，为打造全球一流的“最优营商环境”提供生态保证。

3) 标准市场

加快推动标准在贸易、实体经济发展、营商环境塑造、城市建设与管理等各方面的普及应用和深度融合，加强标准的制定与实施，创新“标准+”治理工具协同应用模式，强化标准实施成效评价与价值推广，以一流标准塑造一流商品质量、一流市场服务和一流城市环境。

(1) 规范市场准入机制。按照“亮标+对标+提标+宣标”路径，提高市场经营主体“知标”“用标”的能力和水平，持续提升商品质量，促进商品国际贸易持续健康增长。

(2) 商品出口风险管控工程。通过检验检测认证联盟、国外法规标准研究、WTO/TBT技术性贸易措施研究评议基地等手段，提升商品出口效率，降低出口风险。

(3) 商品质量追溯工程。通过标准协调统一技术基础、建设规范和技术要求，有效支撑和服务重点领域商品质量追溯体系建设。

(4) 商品标准数据应用创新工程。通过商品标准数据的分析和应用，提升商品标准化水平，引领商品高质量发展。

(5)“品质市场”建设工程。通过标准规范城市市场环境建设、引领市场品质升级，提升城市商贸国际化水平和影响力。

(6) 市场采购贸易方式标杆引领工程。通过标准规范市场采购贸易方式的术语定义、流程要求和管理服务等，率先在全国打造市场采购贸易方式的标准样板，引领国际贸易高质量发展。

(7) 现代绿色物流优化升级工程。以标准规范产业发展、优化管理和服务，推动行业绿色智慧化升级。

(8) 跨境电商和公共海外仓竞争力塑造工程。构建跨境电商和公共海外仓标准体系，以标准规范相关主体国际化发展，优化海外供应链布局，提升商品国际贸易便利化水平。

(9) 特色明星品牌打造工程。按照“先进标准体系＋特色优势指标＋品牌塑造”的路径，以完善的先进标准体系和特色优势指标彰显产品质量水平与竞争优势，打造明星品牌。

4) 智慧会展

为进一步提升会展的档次和成效，需将移动互联网、物联网、大数据分析等前沿科技与会展产业相融合，打造“智慧会展”产业，尝试“无人会展”“共享会展”，以创新的服务、科学的管理来赢得客户。

(1) 智慧会展公众号：公众号包括会展资讯、会展政策等与会展相关的资讯。提供交通指引、报到须知、商旅指南、最新新闻动态、我的展会、展会展厅、互动专区、信息渠道对接、网上办证、展商报名、项目对接、多语言版面、项目研讨会、资料中心等，并实现官方微信现场信息及时播报有效传达。

(2) 安全监管平台：综合运用传感感知、智能视频、射频识别(RFID)定位等技术，实现展品的主动防盗监管、人员的实时精确定位。展品未经授权，无法私自拿离展位，更无法带出展馆。佩戴参观证人员凭证入场，便捷报到、出入口自动辨识，实时获知其所在位置，亦可防走丢。对于工作人员实时定位查看，按需就近调度。遇紧急情况，可引导就近撤离，快速营救。

(3) 智能导览服务平台：使用智能机器人、AR、iBeacon、有源 rfid 等实现智能机器人迎宾、讲解，VR 展销、VR 展播，展会导航、智能分析等服务。

(4) 会展一体化大数据综合管理平台：建设一个 WEB 端、公众号、安全监管端、智能服务端的统一数据交互平台，实现对展会全方位的信息化服务，让主办方、参展者、客商、参观者利用信息化的平台随时随地地了解到展会各个方面的信息，实现信息的实时共享、实现展会的现代化、信息化、智能化。

案例 6-9　智慧会展的创新亮点

(1) 服务模式的创新。即从以前的会展客户找服务的旧模式，转变为会展活动举办方主动为客户送去各种各样的、适合客户需要的服务新模式。在大数据时代的背景下，我们提出了“大数据—信息—展会服务”的展会服务循环创新模式，即在展会服务中积累大数据，从大数据挖掘和获取信息，将信息应用于展会服务的优化和创新，在优化和创新服务的过程中，继续应用新兴技术积累数据，分析优化或创新成效，并从中继续挖掘有用信息，投入展会服务的下一轮优化和创新上。如此循环往复，使展会服务的水平和质量能在滚动优化中获得提升。

(2) 服务手段的创新。即依托定位技术、物联网技术，实现为会展客户主动提供全方位的会展服务。

(3) 服务方式的创新。通过智能终端设备和智能手机的平台，为会展客户提供贴身的导游导览和智能化的会展活动服务。

(4) 服务评价的创新。即商务会展客人根据自己的参展感受，随时可以对展会进行点评、智慧分享。这样，一方面会展客户随时、随地、随人可以与其家人和朋友分享参展感受和经验。另一方面展会主办单位和相关会展企业也可以及时得到会展客户的反馈信息。

6.2.4　数字经济协同发展

数字经济的发展引领社会发展，数字经济蓬勃发展，深刻改变着人类生产生活方式，把发展数字经济作为新发展理念，推动各个产业协同发展，深度融合。推动大区域，省市联动深度合作发展，努力打造合作示范基地。

案例6-10　网络的价值

互联网发展到一定的程度，线下线上结合得更加紧密，人们对互联网的依赖程度加深，人们的生活开始与互联网几乎完全融合。物流系统、信息发布系统、支付系统、互动系统等这些系统共同构成了一个虚拟的生态圈。无论缺少哪个系统，这个生态圈都会失去平衡。

网络价值的最高级生态系统是商业生态系统，未来商场的竞争模式将会发生重大改变，不再是企业与企业之间的竞争，而是平台与平台之间的竞争，或是生态圈与生态圈之间的竞争。所有成功、完善的平台生态圈都是建立在“更好地满足当前时代的多方需求”的基础之上的。

1）产业协同

深化对数字经济协同发展重要性的认识，从机制构建上推进数据资源协同，充分释放数字经济发展的强大动能，努力实现更高层次、更宽领域的合作共赢。

（1）从机制上促进5G、物联网、互联网、云计算、大数据、人工智能等数字化关键基础设施与城市经济社会数字化和产业转型的协同匹配发展，服务和支撑城市数字经济加快发展。

（2）要不断提升科技创新在实体经济发展中的贡献份额，构建引导推动企业加大自主创新与企业经营发展的协同创新机制。

（3）要结合数字经济发展，从长效机制上进一步推进城市城乡数字经济协同发展、加快行业数字化转型、引导区域数字经济各具特色发展、强化对外合作交流，助力技术资金人才流入。

2）地域协同

携手苏浙沪、依托长三角，打造世界级数字经济产业集群，推动数字化经验在城市管理和社会治理中的深度应用；构建“万物互联”数字基础设施，推动多领域数据的联通共享，推动其在数字经济重点行业、领域的综合应用。

（1）携手苏浙沪联手打造世界级数字经济产业集群。壮大新一代信息技术产业规模和能级作为数字经济发展的重要支柱，提升人工智能、云计算、物联网、高端软件、智能硬件等产业链的融合优势。

（2）推进信息技术在制造领域全面渗透和深入应用，将加速布局工业互联网平台作为促进数字经济发展的重要环节，加快推动“两化”深度融合，搭建工业互联网平台和各类服务子平台，深入推进企业“上云入网”，拓展数字经济发展空间。

（3）依托G60科创走廊推进沿线省市工业互联网协同发展，打造区域合作样板。推广城市数字化实践经验，推动数字经济在城市管理和社会治理领域的深度应用，进而催生新产业门类和经济增长点。

（4）推动长三角地区数据开发共享利用。构建“万物互联”的数字基础设施新格局，加快物联、数联、智联布局，夯实数字化基础设施建设，推动物联网、下一代互联网、5G等新一代信息基础设施建设，探索云计算数据中心跨区域共建共享等。

（5）优化数字资源的配置效率，支持多领域数据的联通共享，增进大数据应用合作。将数据开放、共享和应用作为提高全要素生产率的重要途径，着力发展大数据产业和集群，推动其在制造业重点行业、社会治理和公共服务领域的综合应用。

6.3 打造精准精细的城市治理

6.3.1 推进数字政务进程

1）经济管理

利用大数据、数据共享、AI等新信息技术完善经济管理手段，通过持续分析经济运行态势作为优化行政资源配置的依据，编制招商地图实现区域战略规划目标。

(1) 集中收集、处理、存储各产业的经济运行数据，采用大数据、AI 等新技术手段持续分析经济运行态势，建立各产业经济发展的数据基线。

(2) 定期分析经济发展数据基线趋势与经济发展目标，采用 AI 技术对海量经济数据进行决策分析，以此作为制定产业结构调整政策的依据，促进传统产业转型和先进制造业发展，达到一产、二产比重持续下降，三产比重稳步上升的态势。

(3) 针对经济发展态势进行数据分析，总结经济社会发展中遇到的体制性矛盾和问题，依此调整优化政府部门机构编制和职能配置，不断增强政府部门履职能力。

(4) 通过对各产业经济运行数据的分析，摸清地区各产业的优势和产业链缺失情况，根据区域战略规划和产业发展需求，定制化绘制出潜在的招商目标图系。围绕重点产业的关键环节、关键技术、关键零部件，分析出亟须解决的关键技术瓶颈和所需引入的配套或互补性产业环节，锁定潜在目标企业、机构或领军型人才，实施"补链延链强链式"的产业链招商。

2) "最多跑一次"智慧应用

深化"最多跑一次"改革，持续推进政务公开、行政审批、行政执法等政务服务一体化工作，对"一网通办""部门间一次不跑"应用进行"多网合一"，推进政府管理由偏重监管向服务与监管并重转变。

(1) 搭建"多网合一平台"作为应用的统一入口，实现应用系统的页面集成、用户集成、认证集成。

(2) 打造统一的工作流引擎、报表引擎、任务调度引擎、监控引擎。

(3) 通过数据共享交换平台对多个智慧应用的数据进行汇聚整合，所有审批数据自动推送至"一网通办"平台，实现审批信息实时共享、有审必查，不但对管理主体承诺以后的履约情况进行有效跟踪，对执法部门的监管责任也进一步明确。

(4) 利用大数据平台的处理分析能力，实现基础数据、部门数据、审批数据、监管数据、政策数据的关联分析，为提高政府工作效率提供决策支撑，从而优化办事服务流程、提高监管能力、落实政策惠企、推进部门联动。

(5) 努力创新"掌上执法"，推进"一网统管"，积极探索事中事后监管改革，通过数据共享、联合执法、告知承诺，切实做到执法不扰民、不扰企。

3) 公共服务

充分利用人口基础数据库，深化使用人力社保数据库，完善数字救助体系。

(1) 建设由城市延伸到农村的统一社会救助、社会福利、社会保障大数据平台,整合、共享社会保障相关数据资源,促进大数据在劳动用工、社保基金监管、医疗保险、养老服务等社会保障服务领域的应用,打造精准治理、多方协作的社会保障新模式。

(2) 准确全面掌握城乡低保对象、城乡特困人员、孤儿、困境儿童、城乡低收入家庭对象、困难职工等社会救助目标群体的户籍、收入、财产等状况,提高相关部门城乡救助等对象认定精准度,进一步提升低收入群体精准救助和兜底脱贫攻坚能力。

(3) 利用大数据创新服务模式,为社会公众提供更为个性化、更具针对性的服务。

4) 信用体系

推动区块链、大数据等新一代信息技术应用于构建社会信用体系,建立起覆盖全市经济社会生活等各个方面需求的社会信用体系基本框架。形成信用制度比较健全、信用服务机构稳步发展、信用信息产品与服务市场日趋完善、“万企贯标、百企示范”目标优先完成、诚信环境显著提升的社会,率先成为社会信用体系建设典范。

(1) 加快社会信用体系的基础工程建设,推动公共信用数据与互联网、移动互联网、电子商务、金融服务、通信运营等数据的汇聚整合,为社会公众提供查询注册登记、行政许可、行政处罚等各类信用信息“一站式”服务。

(2) 利用政府大数据,结合银行征信系统和电信运营商大数据征信系统,建设城市大数据征信系统和服务,构建市场信用基础数据库、城市的企业信用基础数据库、个人信用基础数据库和金融业统一征信数据库,为民间投融资提供信用服务支撑。

(3) 构建企业、个人和政府三大信用体系,初步形成城市社会信用体系的基本框架。

(4) 建立全市社会公共信用信息平台,积极对接全国信用信息共享平台、行政执法监管平台等,构筑高效统一的信用监管网络,一是实现部门间信用信息共享,二是将各主体的信用信息向社会公众公开。

(5) 建立地方信用征信平台,其主要功能包括:信用报告管理子系统、信用评级管理子系统、客户管理子系统、客户信用授信管理子系统、合同管理子系统、系统管理子系统、运营运维管理子系统等,为信用征集、信用评估、信用查询、信用管理等提供规范的运行机制,创造良好的市场环境。

(6) 建立商贸信用信息管理系统,其主要内容包括:客户资信管理子系统、信用档案管理子系统、客户授信管理子系统、订单管理子系统、合同管理子系统、商账管理子系统、绩效管理子系统和系统管理子系统等。引导企业进行客户信用档案管理,提升企业抗风险能力,形成新的竞争优势。

(7) 利用行政执法大数据关联分析,预警企业不正当行为,提升政府行政执法和风险防范能力,建立跨地区、多部门的信用联动奖惩机制。构建信用负面清单制度,实行诚信管理激励机制。

(8) 健全"线上、线下相结合"的诚信建设机制,发挥线下实体市场的可控、可信、可溯源优势,健全完善由商铺的信用等级、担保交易、投诉处理及受欺诈赔偿计划四个部分组成的诚信交易保障体系。

案例 6-11 信用体系建设重点

信用建设总体架构遵循智慧城市顶层设计架构,总体架构如下图所示。

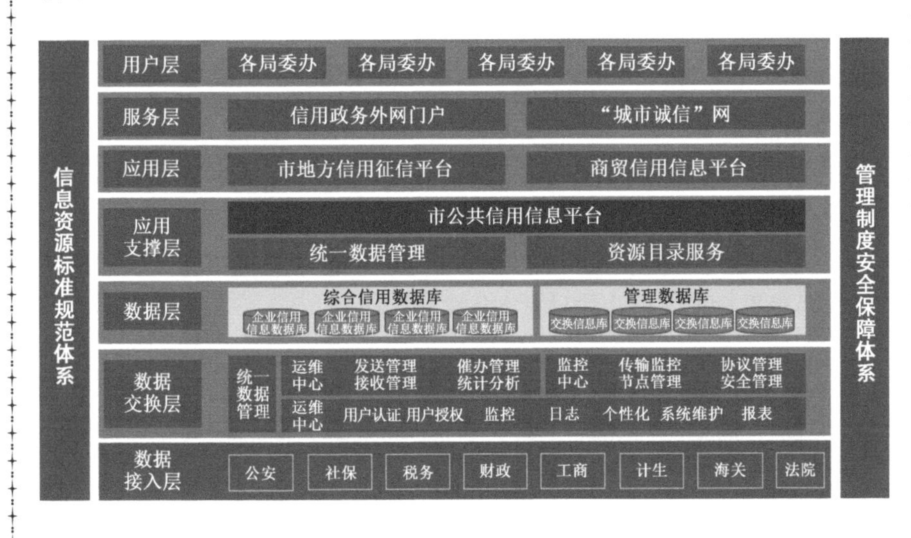

总体架构可以总结为在遵循智慧顶层设计的基础上,按照七层结构、两个体系,最大程度依托智慧城市数据交换中心的建设成果,整合全市的信用信息资源,通过统一支撑为上层应用提供统一信息服务。

七层结构:总体架构分为七层,自顶向下包括:用户层、服务层、应用层、应用支撑层、数据层、数据交换层、数据接入层。

(1) 用户层。用户分为各委办局用户、企业用户、社会公众用户和征信机构用户等。各委办局用户,主要是通过政务信用门户查询企业、个人的相关信用信息。企业/社会公众用户,主要是通过“城市诚信”网,查询企业、个人等公布的信用信息。征信机构用户,主要是通过市地方信用征信平台开展信用评级、评分工作等。

(2) 服务层。主要包括对社会公众公开的“城市诚信”网和对政府各部门公开的信用政务外网门户。

(3) 应用层。主要包括市地方信用征信平台和企业信用管理平台,实现各业务的管理功能。

(4) 应用支撑层。依托信用信息资源对上层应用提供支撑,包括市公共信用信息平台、信用信息资源目录服务和统一数据管理服务。

(5) 数据层。包括综合信用业务库和管理数据库,综合信用业务库存储企业信用、自然人信用、金融信贷、政务信用等信息,管理数据库存储对信息资源统一管理过程中所生成的过程管理数据。

(6) 数据交换层。通过智慧城市数据共享交换平台将数据接入层中的数据汇集至信息资源中心,实现信用数据的共享交换。

(7) 数据接入层。涉及的信用信息资源源头单位,包括公安、社保、税务、工商、海关、法院等,以及企业的经营数据。

(8) 两个体系。包括信息资源标准规范体系及管理制度安全保障体系,提供信用标准规范及信用安全保障。

6.3.2 城市运营

数字时代的城市运营,人与城市的关系产生了本质的变化,人对城市各要素的需求从实体空间和时间的约束中解脱出来,构建以人为中心的城市运营体系成为城市发展新的需求。

1) 推进综合交通运输体系建设

通过高新技术汇集交通信息,使交通系统在市域内甚至更大的时空范围内具备感知、互联、分析、预测、控制等能力,推动实现数据驱动的城市交通管理模式和服务模式,以充分保障交通安全、发挥交通基础设施效能、提升交通系统运行效率和管理水平，为通畅的公众出行和商贸物流发展服务。

（1）交通路况实时监控，建设交通路况检测系统和智能化交通信号控制系统，充分利用电信运营商与网约车企业数据及视频监控车辆感知数据，实时掌握道路通行状况，配合特殊节假日、重大事件交通保障、天气变化等实现交通信号控制系统智能调节，以缓解路面交通压力。

案例6-12 智能交通重点建设内容

1. 交通路况监测系统重点建设内容

通过道路交通流信息采集系统，实时采集路面图像和路面交通流量、车速、车道占有率、车头时距及车辆排队长度等交通流信息数据；系统对交通流量数据进行实时处理分析，结合执勤民警、群众报警提供的交通信息，经综合分析处理后，得出各个路网交通运行指数，获得道路实时路况信息。通过与系统相连的各交通诱导发布系统进行发布，同时配合智能化交通信号控制系统，合理配时，疏导交通，为交通参与者提供及时、准确的交通信息服务。

2. 智能化交通信号控制系统重点建设内容

在得到交通综合评价指标基础上按照单路口、子区、区域三个层次逐步进行信号优化和预评估，最后通过信号配时中心进行处置并反馈执行结果。

（1）路口级优化。通过融合指标进行道路交叉口的信号优化，优化方式有：路口方案的交通参数最优方案（周期、绿信比）；针对路口运行评价生成最优的相位相序方案。

（2）子区级优化。在单路口优化的基础上，首先确定子区关键路口（即周期最大的路口），饱和及非饱和状态下路口绿信比二次分配策略，最后实现饱和及非饱和状态下相位差优化。

（3）区域级优化。在子区优化的基础上，实现子区间相位差优化和子区边界协调控制。通过信号配时中心进行处置并将方案生效状态信息反馈给系统，持续性地跟踪使用情况。

（2）公共交通便利化服务，搭建公共交通信息服务平台，为公众提供出行服务、在线呼叫、停车场诱导等一体化便民服务；建设智慧公交系统，通过公交运营优化与评价、移动互联网技术等，实现公交的规范化行车、智能化调度、移动化收费等；试点5G+无人驾驶公交，提升城市公共交通吸引力。

(3) 私人汽车便捷化停车，建设智慧停车管理服务平台，借助信息化、网络化技术手段，鼓励社会力量投资建设、改造和运营智能化停车场，通过建设部署统一车位编码、车位感应装置、停车收费管理等，实现市域内停车场数据互联互通，并面向市民统一发布停车诱导信息。

(4) 两客一危严格化监管，建设"两客一危"车辆安全管理系统，通过对客运车辆的动态位置信息的采集，车辆超载、违规搭客、载客状况的信息收集，各类信息的发布等手段，实现客运车辆的实时监控和调度、事故车辆及时报警、车内实时图像传输等，从而降低交通事故的发生率，提高运输安全、改变长途客运系统现有的运营模式，达到运营的高效性、智能化、安全性。

(5) 机场旅客舒心化体验，建设机场智能化服务平台，聚焦旅客在机场的关键接触点，通过生物识别，主动了解旅客，提供高端个性化服务体验；通过智能LED屏幕，提供乘机"富"信息，消除旅客"紧迫感"；通过自助值机设备，提升柜台值机、行李托运效率；通过智能化安检设备，提升安检通行效率；通过自助人票核验，打造自助登机口，加快登机速度。

(6) 交通事件精确化指挥，建设交通综合指挥调度系统，通过加强涉及交通的多部门信息的归集共享，搭建应急指挥与协调联动平台，实现应急信息、应急资源的高效管理；通过调用分析模型实现应急指挥的决策分析、交通诱导与疏散等智能化应用；通过统一信息报送、运营事件协调处置及定制化的监测信息和视频共享等，在紧急事件的交通疏堵过程中，实现交通相关部门间的信息上传下达、多级交通运行监测协同工作。

案例6-13　交通综合指挥调度系统重点建设内容

(1) 指挥调度一张图，将庞大复杂的交通数据经过大数据处理与分析之后，将各种交通指标数据，以一张图的形式直观明了地可视化呈现。依据指挥管理者所关注的问题，重点从警力、警情、路况进行分析建模，可以展示路况信息、突发情况、在途车辆等多种指标。

(2) 警情发现，对交通大数据进行分析挖掘，整合"三台合一"数据、外场物联网检测器数据进行融合分析，提供基于固定检测器的突发拥堵判别、基于旅行时间分析的警情自动识别、图像二次识别、互联网数据、手机信令、舆情采编、事件检测、视频轮巡等八种方式的警情识别手段，确保指挥人员在指挥中心即可实时感知路面交通事故、突发拥堵等交通事件，及时进行针对性处置，力保警力跟着警情走，最大化提升警情处置效率。

(3) 警情处置，提供警情信息推送、警情处置跟踪、反馈功能，执勤民警可实时接收指挥中心处警席下发的警情，并对处置状态和处置结果进行反馈，系统为警情流转流程提供闭环的处置方案。

(4) 应急车辆调度与优先，为应急车提供车辆调度、路径规划、信号优先控制三个功能。通过获取被派遣车辆GPS信息和事件地址作为OD，实时为行驶中的车辆规划路径，实时预估车辆到达下一个路口信号灯的时间并下发给信号控制系统，信号控制系统进行控灯，保证应急车辆可绿灯通过途经各路口。

案例6-14　综合交通运输体系建设愿景

(1) 打造市域内部30分钟通勤圈。优化交通节点，加快升级农村公路连接区域骨架路网，推进交通运输基础设施数字化，完善市域内公路网信息采集体系，全面实现重点运输载具联网联控，建设涵盖城市道路、城市客运、道路货运、停车及气象等领域的交通运输数据支撑平台，积极开展交通大数据智慧应用，支撑市域内部30分钟通勤圈建设；实施公共交通优先发展战略，加快构建以轨道交通、BRT、公交干线为骨干，常规公交为主体，出租车为补充的公共交通系统，提高居民公交出行比例。

(2) 主动融入长三角一体化战略。积极参与畅通便捷长三角建设，规划高速沿线、城际轨道等，打造长三角乃至国家级重要公路枢纽。

2) 提升城市管理精细化水平

通过将城市管理工作与新一代新兴技术相结合，综合运用图像与视频精准识别、城市环境特征识别、物联传感、人工智能等技术，及时、精准、高效解决城市管理中的问题和薄弱环节，提升城市市民的生活质量、打造和谐开放的城市公共环境。

(1) 建设垃圾分类全流程管理系统，通过垃圾袋领取信息绑定、垃圾投放二维码识别、垃圾清运全过程管控、垃圾分类居民积分管理、垃圾分类减量效果大数据分析等方式，破解垃圾综合治理难题。

(2) 建设违规经营实时报警系统，通过城市大脑对城市经营类场景视频(如占道经营、乱堆物料等)进行结构化解析，并实时智能分析报警，创建街道文明经营环境。

(3) 打造清运车辆全过程监管系统，通过在清运场地出入口监控和道路微卡口等视频监控设备，实现清运车辆出入监管、实时告警、违规处理、信息推送等，提升业务监管水平。

(4) 打造数字化城管平台，建设纵向到底横向到边的综合城市管理体系，把人员、事件、地图相结合，通过部件管理层次化、单元网格可视化、事件处理多样化，改善城管工作效率。

(5) 建设地面市政设施综合管理平台，通过地理空间框架一张图和城市大脑平台，合理规划城市绿化带、路灯、窨井盖等地面市政设施；通过在路灯上集成多种电子设备，实现一杆多用，推进路灯照明、5G微站、气象监测、视频监控、充电桩、电子围栏、泊车电子收费等资源整合，打造“一杆多用”样板工程；通过物联感知实现窨井水位和井盖监测和管理，以及道路机动车停车位管理的有效管理，提高城市综合管理的数字化水平。

(6) 构建地下综合管廊扁平化运营系统，以各类智能化感知设备为基础，利用物联网技术、自动化控制技术、地理信息技术、大数据分析技术、3S(GIS、GPS、RS)和三维建模等，对管廊廊体、管廊管线、管廊附属设施等进行实时监控、故障报警、统计分析，实现地下综合管廊运营管理的数字化、智能化。

6.3.3 平安治理

落实“1+X+Y”平安体系建设。完善“1”即一个市级层面平安建设指挥平台，履行牵头抓总、统筹协调、分析研判、指导落实、督查考评等职能；推进“X”个(暂定十大中心)指挥监管中心建设，以搜集信息、处置问题、查处防控、强化基础为重点，发挥和整合现有中心平台资源，明确各中心牵头单位及中心职责任务，且各中心对相关事项开展即时处置，对镇街和相关部门进行统筹协调任务派送、开展平安考核，并在规定范围内互相推送通报相关事项；加强“Y”个工作保障，在包括信息情报和技术支撑、平安城市标准化系统、风险防控、维稳处置、基层治理、宣传发动和考核评价六个方面具体落实。健全平安城市建设体系，打造现代化警务模式，保稳定、优服务、促发展、护民安，打造“平安示范区”。

推进安全体系建设。充分发挥和整合现有中心平台资源，汇聚多种来源数据，通过打破部门和区域之间的“信息孤岛”，实现数据资源共享，利用大数据的预测和分析能力，引领指挥工作不断创新，从而推动指挥中心工作机制创新，提升工作效能，实现快速反应、整体作战的指挥枢纽，最终形成健全的平安城市建设体系，推进社会治理体系和治理能力现代化。

(1) 以数据互通共享为基础，整合全市平安建设信息化资源，建立一个对城市各类事件进行统一的日常管理、应急联动管理、指挥调度和辅助决策的服务平台。实现全市各中心互联互通、功能共享，使情报信息在规定范围内能够推送通报。

(2) 建设各个指挥监管中心，按照职能设定，构建中心运行新模式，将所有涉及的人员一同办公，统一指挥、统一行动，形成中心与各部门、各镇街间在情报互通、资源共享、措施落地等方面的无缝对接，提升维安能力。

(3) 深化平安基础建设，推进“雪亮工程”建设，建立视频云存储平台，提供区域化的平安城市公共软硬件资源，使之成为构建平安城市的核心基础平台。

(4) 深化“智慧＋”平安工程建设。建设治安小区、平安校园、智慧城管等相关智慧平安应用。从而提高政府行政能力，提升群众满意度，激发市民参与城市安全管理的热情，打造全民参与的新型城市管理模式。

(5) 形成“1＋X＋N”的平安建设体系。一个管理、服务总平台，X个不同领域的中心；N多个上层应用。以点、线、面的方式建设平安城市，加强和丰富各种与平安治理业务紧密结合的上层应用，充分发挥平安城市的实战效能。

案例6-15　公安视帧平台建设重点

提升基础建设的智能应用服务。比如建设视帧平台，依赖计算平台层的计算能力实现视频结构化、视频搜索和事件检测等智能算法，构建智能化的人机交互应用。架构图如下。

其中设备感知层主要指从公安部门的视频监控、rfid、mac等设备采集数据以及互联网产生的数据；计算平台层主要是底层的算力平台，可以进行统一的资源调度和数据解析、存储，为算法引擎层提供算力与能力的支撑；算法引擎层依赖计算平台层的计算能力实现视频结构化、视频搜索和事件检测等智能算法；智能应用层主要依托引擎算法与强大算力，构建智能化的人机交互应用，服务于系统的各类用户。

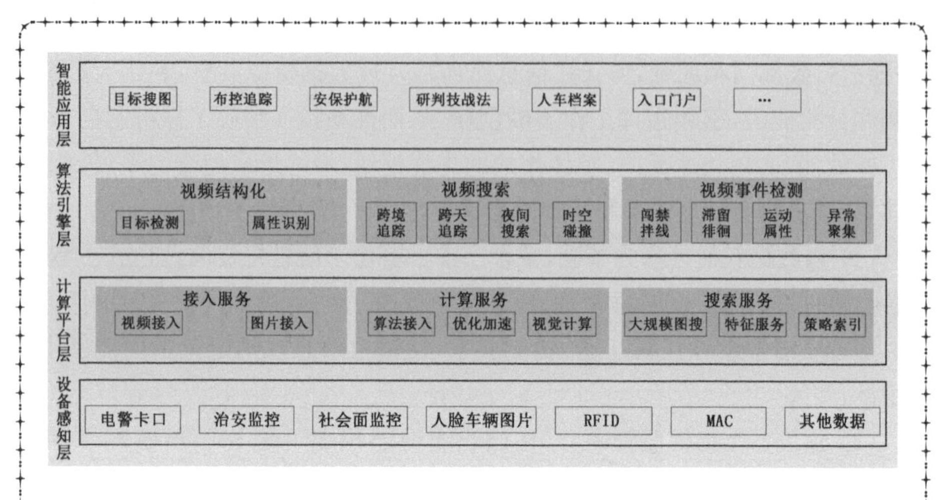

具体应用举例如下。

(1) 研判技战法。通过采集路人信息、报警信息、各类静态及布控库人像信息,提供各类研判工具,帮助民警快速定位嫌疑人员。

(2) 人车档案。通过抓拍图片、抓拍数量,关联人员姓名、证件号、车辆信息等,分析人员关系模型,对人车轨迹建立直观展示。

6.4 建设绿色宜居的智慧和谐社会

6.4.1 生态文明

提升生态文明信息化的建设水平,实现信息化与生态文明的深度融合。依托互联网、大数据等信息化手段,为生态文明建设过程中的各环节提供技术支撑,促使生态文明建设向智能化迈进。

1) 建设"互联网+"生态环境

充分利用统建的各类公共组件和公共资源,围绕生态环境治理目标,全面支撑打好全市污染防治攻坚战,综合提升生态环境管理能力,服务生态环境质量改善和生态文明体系建设。

(1) 建设涵盖大气、水、土壤、噪声、辐射、生态等要素一体化的环境监测网络,整合、优化、补充全市生态环境监测点位,按照统一的标准规范开展监测,实现环境质量、重点污染源、生态状况监测全覆盖,提升环境预警和风险监测能力。

(2) 建设生态环境综合数据库，为全市生态环境应用提供统一数据库，确保一数一源，满足资源集群大数据分析需求，实现集中式数据交换、数据质量管理和数据分析服务。通过涉及各部门生态环境监测数据归集、共享，实现环境质量、污染源、生态状况监测等数据有效集成和互联互享，为生态环境提供基于大数据的预测、预警、评估，为生态环境保护决策管理提供数据支持。

(3) 建设环境地图(一张图)，整合全市地理信息数据与环境监管生态环境数据，搭建环境地图可视化系统，将传统的静态记录变为丰富多样的地图展示，实现环境空间信息的可视化显示。通过地图展示，获得环境要素的空间分布及各环境要素之间的空间关系等信息；对环境管理的业务形态以地理信息进行呈现与应用，与实际业务场景进行关联，为城市环境综合管理提供一站式的可视化综合研判服务。

(4) 建设环境监管预警平台。推进污染源在线监控建设，形成覆盖环境准入、过程监管、事后监管等污染源全生命周期管理，实现重点排污单位污染排放自动监测与异常报警机制、污染物超标排放信息追踪、捕获与报警能力和企业排污状况智能化监控。增强对大气、水环境、土壤、辐射、生态等环境质量的监测预警，扩大监测范围，形成全天候、多层次的智能多源感知预警体系。

(5) 加强环境突发事件应急管理，建设以信息技术、通信技术和 GIS 技术相结合的环境应急响应管理系统，实现对环境突发事件快速、及时、准确应对以及应急指挥事项的统一调度。

案例 6－16　智慧生态建设重点

智慧生态管理总体框架基于智慧城市总体框架进行设计。充分利用统建的各类公共组件和公共资源，围绕生态环境治理目标进行建设。生态环境信息化规划，旨在打造“113”生态环境信息化应用工程，即“一库、一图、三体系”架构体系。智慧生态架构图：

利用物联网技术、云计算技术、4G/5G 技术和分析模型技术，建设智慧生态环境平台，形成一体化的创新、智慧模式，让环境管理、环境监测、环境应急、环境执法和科学决策更加有效、准确，通过“智在管理、慧在应用”，为环境管理和环境保护提供全方位的智慧管理与服务支持。

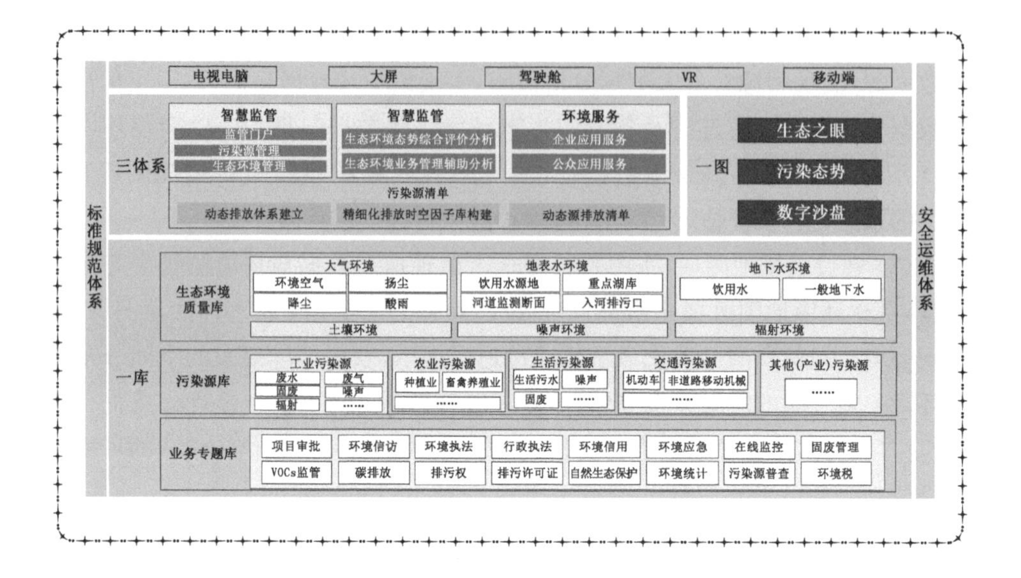

2）推进智慧水务建设

推进水务建设往信息化方面发展，安装一批水流、水质、水位等智能感知设备，建设和完善以水环境设施为基础、通信系统为保障、计算机网络系统为依托、一体化信息平台为核心、远程监控为手段的智慧水务信息化系统，推进水务工作向精细化、科学化、智能化发展。

（1）整合水文监测站网、供排水管网监测站点、工程监控站网等与水务管理相关的监控网络与控制终端资源。推动新兴信息技术在供水安全、防汛、水环境在线监测监控与管理、环境生态一体化管理等方面的应用，实现水资源信息互通、资源共享及业务协同、水资源和水务设施的监测预警，提升对全区水安全保障、水资源管理的支撑能力。

（2）建设排水信息管理系统，提供系统集成支撑服务，实现结构化数据资源、非结构化文档、算法模型资源以及各种应用系统跨数据库、跨系统平台的无缝接入和集成，并提供一个支持信息访问、传递以及协同工作的集成化环境，实现各类排水业务应用的高效开发、集成、部署与管理。

（3）建设河流信息管理系统，通过整合接入水务部门等已建水文站点的信息以及新建站点的监测数据，对河流、湖泊、水闸的水文信息进行查询分析，建立实时及历史数据库为管理部门及相关监督部门提供信息服务，为防洪管理、水工程应用等水事活动提供数据支持。

（4）建立排水防涝应急指挥调度系统，整合防涝数据共享系统和排水防涝在线监控系统提供的天气预报、水情、雨情以及监控视频数据，建立防涝排水应急队伍、管理应急设备资源，制定应急预案。实现雨情发布、电子预案、布防、水位预警、调阅现场视频、群发短信调度、现场抢险、一雨一报告的业务流程。

案例 6-17　智慧水务建设重点

建立智慧水务信息化系统，依托城市数据中台、物联网智能汇聚平台，统一规划。数据层面包括基础地理数据、河道水系数据、雨量预报数据、雨量监测数据、水位监测数据、气象数据、水文数据、监控摄像头等数据；硬件设备包括前端采集设备以及服务器硬件等；业务系统上分为监测预警、应急调度、设施管理、设施养护、排水模型、水力模型、闸站远程自动化控制、水污染预警防控及移动应用等子系统。总体框架图如下图所示。

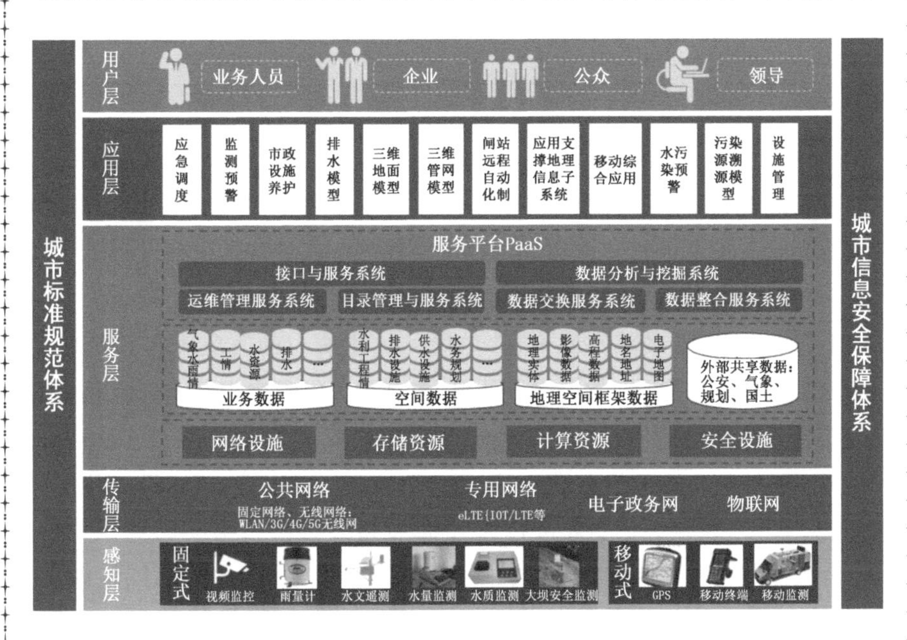

系统的架构设计采用“五横两纵”的架构，其中“五横”包括感知层、传输层、服务层、应用层和用户层，“两纵”包括安全保障体系与标准规范体系。具体说明如下。

1. 感知层

包括基础的硬件设备、硬件前端采集设备和网络数据基础。如水位传感器、自动化的设备、视频监控设备、水质传感器等。

2. 传输层

采用运营商 4G/5G 无线网络与有线光纤两种网络传输方式相结合。

3. 服务层

通过统一的城市数据中台，实现数据汇集和调用。数据内容主要包含基础地理数据、地下管线数据、雨量预报数据、雨量监测数据、水位监测数据、气象数据、水文数据、监控视频等数据。

4. 应用层

包括服务支撑平台、设施管理、养护管理、监测预警、应急调度等等。

5. 用户层

反映了图形用户界面以及所有的显示逻辑，它是应用的客户端部分，由它负责与用户进行交互，包括手机端、平板、PC 端。

3) 加强气象公共服务能力

建设智慧气象，满足在气象灾害防御、突发公共事件应急响应、经济发展及城市安全运行等方面的气象服务保障需求。使城市气象现代化建设跨上一个新的台阶，气象保障全面建成小康社会的能力得到有效提升。

(1) 建立多灾种、多部门联合、多阶段一体化响应的气象灾害预警联动平台，实现信息共享、决策会商、灾情评估等，提高重大气象灾害及与气象相关的重大突发事件应急响应能力。

(2) 加强气象与地理信息系统、相关行业的多源数据融合，建设智慧气象大数据系统，实现气象服务信息精准投放、智能推送。

(3) 构建行业气象服务平台，针对交通、农业、商贸、物流等不同领域，开展气象研判、预测分析，为商贸物流等重点行业提供智能化服务。拓展气象信息发布渠道，为不同人群提供多样化、个性化、互动式气象服务和生活引导。

案例 6－18　智慧气象建设重点

气象信息化建设包括了智慧气象信息共享系统、气象灾害预警应急联动响应平台和智慧气象信息化环境四部分的建设内容。总体框架图如下图所示。

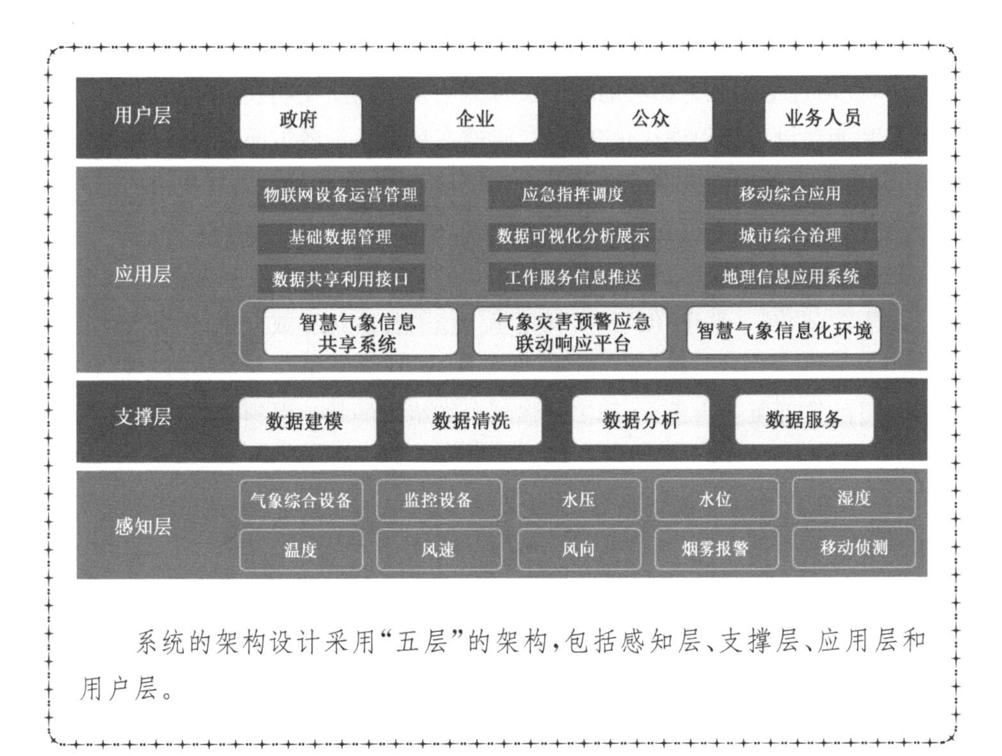

系统的架构设计采用“五层”的架构，包括感知层、支撑层、应用层和用户层。

4）绿色节能

运用信息化手段，推动节能减排，打造绿色节能生态环境，为生态文明打造坚实的基础。

（1）依托物联网、大数据、GIS等信息化技术，建设节能减排综合监管平台；通过能耗和排污监测数据在线采集，为节能减排监管提供准确可靠的数据支撑，实现政府监管部门数据共享。

（2）通过数据分析，实现全市重点用能单位能耗和污染源排放数据的在线监测、统计分析，具备能源审计、节能量审查、能效对标、节能评估、合同能源管理、节能减排标准查询等节能减排社会服务，并通过对用能单位能耗和污染源排放情况进行实时监测和预警，辅助生成节能减排技术改造和管理方案。

6.4.2　精神文明

在全面建设社会主义现代化国家新征程上，要坚持以人民为中心的发展思想，打通宣传群众、教育群众、关心群众、服务群众的“最后一公里”。在现代化进程中，我们深刻认识到，“两个文明”犹如车之两轮、鸟之两翼，只有两者协同发力，才能推动中国式现代化行稳致远。进入新时代，在统筹推进"五位一体"总体布局中，以习近平同志为核心的党中央致力于实现物质文明和精神文明相协调，把精神文明建设贯穿于现代化全过程、渗透在社会生活各方面：既促进物的全面丰富，又强调人的全面发展。在党的全面领导下，人民精神面貌发生由内而外的深刻变化，中国人民不仅在物质上富了起来，也在精神上强了起来。

1）以互联网＋手段提升党建水平

基于"互联网＋党建"创新，实现党建工作的在线化和数据化，围绕深化服务型党组织建设，以各级党委组织部门为主导，以基层党组织为主体，以规范党组织和党员的管理服务为重点，切实增强基层党组织的政治引领功能和凝聚力、战斗力、影响力。

（1）建设党建在线服务平台，宣传贯彻党的主张和决定，使党员干部能及时了解把握党组织情况，提升党建服务便捷化水平。

（2）建设党建综合业务平台，对基层党组织和党员进行全过程、痕迹式、动态化管理，全面、及时掌握党组织和党员履职情况，实现管理无空白、无缝隙、全覆盖，使每个党组织都能全面了解把握党员情况，提升组织规范化管理能力。

（3）建设党建 App，通过手机终端在线学习、观看党建专题视频、进行在线考试，并与组织部门和党组织开展网上对话、互动交流，满足党员干部随时随地学习沟通的需求。

（4）建设党建决策支撑平台，通过大数据分析应用，强化干部队伍、基层党建、人才工作的宏观研判和精准施策，建立党支部和党员活跃度评价体系，不断提升党建决策科学化水平。

案例 6－19　智慧党建建设重点

智慧党建是运用大数据分析、人工智能等技术手段，面向各级组织部门和大中型企事业单位提供党务工作管理、党建资讯、党员管理、学习教育及考评督办等多项功能，为党支部建设标准化、规范化和信息化提供支撑服务，通过建设党建资讯宣传系统、支部组织生活管理系统、党员教育系统、智能分析辅助决策系统、考评督办系统、综合服务、党建工作资料库、党员教育资源库、党员信息库、党组织信息库、教务管理、数据展示中心、党建地图、驻乡村干部、党建 App 促进"全面加强党的领导和党的建设"目标。平台框架如下图所示。

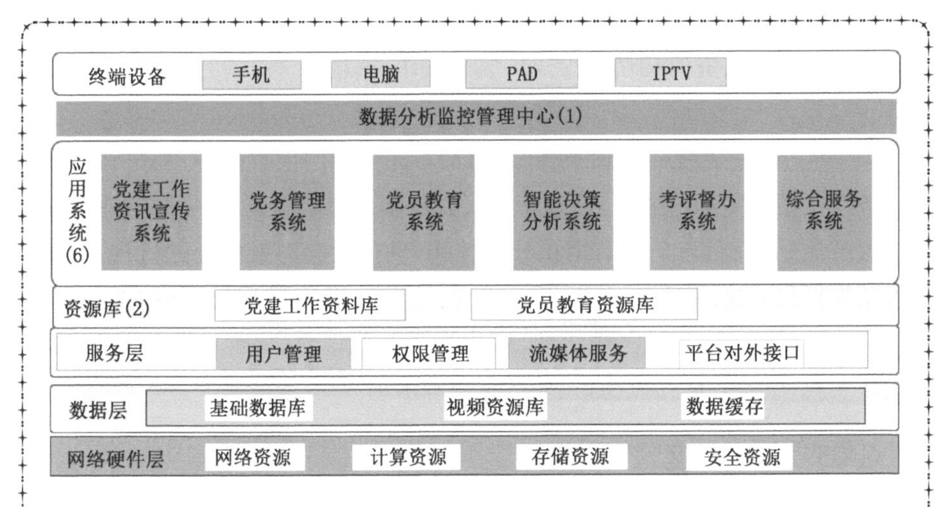

具体建设步骤如下。

(1) 由政府建立统一的智慧党建云平台。使用统一网络、统一平台,可节约每年运行维护费,节省通信费和运行费,极大减轻市财政经费负担。市委组织部以机房(机柜)租赁云服务的形式购买相应的服务,节约了一次性建设带来的大量投入,减轻财政负担。

(2) 通过构建党建网站、党建云平台大数据分析、党建 App 等形式,发挥网络集成功能和作用,宣传党的政策理论,传播主流价值观,让党员和群众零距离接触党建工作。推进党建与5G、VR会议直播结合,实现互联网生态深度融合。

(3) 以党建云平台为媒介,在解决困难群众等方面提供信息途径,把为群众办实事办好事的过程变成党组织联系群众、凝聚人心的过程。通过引入“机器学习”技术,可根据党员用户知识水平和学习程度智能推送教学视频和课件。将党建工作的实施情况、参与情况等形成精准数据,并通过人工智能进行辅助测评、判断、预测,实现党建工作的数据化、智慧化。

2) 深入推进新时代文明实践中心建设

建设新时代文明实践中心,是深入宣传习近平新时代中国特色社会主义思想的一个重要载体,要着眼于凝聚群众、引导群众,以文化人、成风化俗,调动各方力量,整合各种资源,创新各式方法[11]。

（1）打造新时代文明实践中心志愿服务平台，整合现有基层公共服务资源，统一调配队伍资源和阵地资源，实现部门镇街联动，构建线上线下互动服务。

（2）通过志愿者统一管理平台“志愿汇”，充分应用大数据应用分析，提高志愿服务考核精确度和精准性，提升新时代文明实践志愿服务水平；同时建立健全志愿服务激励机制，与个人信用积分相挂钩，动员社会力量和金融机构，让志愿服务精神得到弘扬。

（3）开展新时代文明实践活动，深化乡风文明培育、优秀文化传承，以及人文关怀实践，组织开展移风易俗、扶贫帮困等活动。

6.4.3 未来社区

建设未来社区一方面具有见效快、惠民利民的特点，另一方面能有机地将社区智能化管理、物业数字化管理、政府公安管控结合起来，真正地实现为每个小区装上大脑。同时，还能增强社区居民对智慧城市建设的感知度和社会认同度，为智慧城市建设的普及和宣传增光添彩。

1）提升社区治安防控水平

针对流动人口、外来人口，开展涵盖人口管理、出入控制、视频监控、报警等各方面的行业应用，提升社区治安防控水平。

（1）建设社区综治管控平台，满足街道办对于社区人口精细化管理，实现“来有注册、去有注销”的人口管理规则。通过提供人口居住情况的动态信息，海量人口数据通过系统汇聚后，为后续大数据分析提供数据支撑，掌握实际人口动态图，为上级政府、公安机关提供及时、准确的流动人口决策分析报表，将流动人口和特殊人群作为管控的关键。同时，通过视频分析和大数据分析，实现对所有小区的整体防控，用智能分析来弥补监控室人员易疲劳不能长期监视的问题，人防、技防相辅相成，震慑违法犯罪，遏制流动人口犯罪，降低违法犯罪案件发案率，提升群众安全感和公共安全满意度。

（2）建设社区矫正信息化系统，将矫正对象置于社区内，由专门的国家机关负责并组织社会力量对其采取监督管理、教育、帮助措施，矫正其犯罪心理和行为恶习，促进其顺利回归社会的非监禁刑罚执行活动。通过社区矫正信息化建设，加强对矫正对象位置的掌握、实现信息化的管理，减小司法局工作人员的压力，提高矫正工作人员的工作效率。

2）社区便民服务数字化

未来社区便民服务以社区居民的需求为导向，突出为民、便民、惠民的基本要求，打造安全、便捷、宜居的社区环境。

建设智慧社区便民服务平台，采用“政府投资、公安主导、企业组织、市场化运作”，实现提升政府在劳动就业、社区医疗、居家养老、住房保障、计划生育、文体教育、证件办理等方面的公共服务水平，以及生活、家政、餐饮、缴费、金融等便民服务水平。

（1）住房服务系统，提供社区居民住房类相关服务，如产权服务、租赁服务、公共维修基金使用服务等，为社区居民打造便捷、舒心的房产服务。

（2）养老服务系统，通过信息化手段为老年人提供远程看护、上门服务、安全预警等居家养老服务，重点是面向居家养老模式提供信息服务，构建感知、服务、调度的三级服务体系，通过智能感知实现对老人信息的智能采集分析，也可通过服务呼叫终端触发服务请求，由调度中心调度社区服务机构向老人（尤其是独居老人）提供快速、畅通、安心的紧急求助服务，提升养老服务水平。

（3）文教服务系统，充分发挥社区文化中心的公益文化服务功能，主动向社区居民推送书报阅读、影视放映、娱乐健身、展览展示等各类服务信息和内容，丰富社区居民的文化生活。

（4）医疗服务系统，提供必要的医疗保健，对居民的健康档案进行管理，提醒居民定期体检，对于有需要的居民提供家庭护理和上门救助，同时进行社区医疗及养生保健知识宣传，满足居民挂号预约等需求。

3）打造社区新零售业态

以“硬件＋平台＋服务”三位一体商业实践模式，开展社区新零售业态，为社区中的住户提供多种多样的服务。

（1）搭建新零售电商服务平台。社区新零售电商搭建通过全场景数据打通、数字化运营改造、超体验卖场升级，融合线上线下资源，满足社区居民在任何时候、任何地点、以任何方式购买获得所需商品及服务。

（2）搭建新零售运营一体化。新零售平台实现全渠道一体化运营，不同渠道营销带来的订单由统一的运营中心来协同处理，统一采购、统一商品、统一费用、统一会员、统一促销、统一配送，实现店商＋电商一体化运营。

（3）整合线上、实体店的全业务形态。通过实体门店 O2O 互联网改造，让居民通过多个终端能够订购、体验、消费各种各样的生活服务。

案例 6－20　未来社区建设重点

构建以社区管理以及社区服务为核心的两大功能、四大类应用，即社区管理、政务服务、物业管理、居民服务，两大板块功能以大数据为支撑，形成双向驱动的过程。

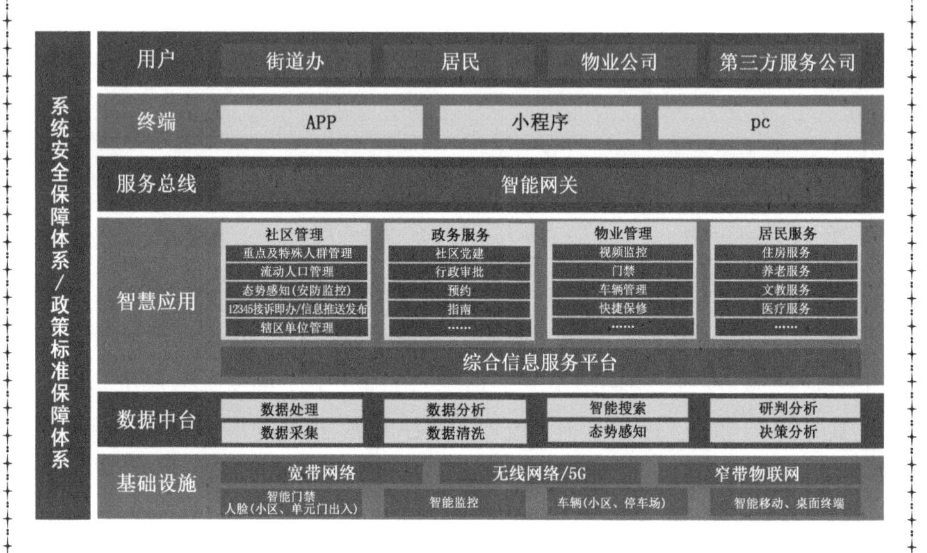

智慧社区方案总体架构设计分为六层，自下而上依次为：基础设施、数据中台、智慧应用、服务总线、终端、用户。

1. 基础设施

负责提供底层基础设施建设，包括将各种物联网传感器、视频监控、电子周界、身份证读卡器、人员通道闸机、人脸抓拍 IPC、智能车辆通行、RFID、智能门禁、移动智能信息采集终端与视频监控、人员出入管理、车辆出入管理等连接，为整个城市智慧社区提供感知能力和数据采集能力。基础设施物联网设备管理统一通过市物联网平台，实现对智能终端设备的统一接入、统一管理、统一运营。

2. 数据中台

数据层对各类数据进行汇聚和交换共享，整合互联网数据、物业数据、政务网数据、社区管理数据等，为应用平台层提供数据源，并通过城市共享交换平台和相关局委办数据对接，服务于各类智慧便民应用。

3. 智慧应用

智慧应用主要的功能设计是利用所汇聚的数据及开放平台所打造的

业务功能实现业务系统能力，业务应用面向物业、商业、政务民生、综治、街道办等业务功能。

4. 终端服务层

前端层主要的功能设计是让街道办、居民、物业、运营方等用户利用该系统进行社区运行状态交互感知及事务处理。针对各类社区物业民生服务进行操作管理，支持小程序、WEB前端和安卓、IOS移动端微信小程序操作。

5. 用户

服务于街道办、物业、居民、第三方公司。

智慧社区综合信息服务平台的建设依赖于城市数据共享交换平台、城市云平台、物联网平台，以及综合运营管理中心的管理能力。综合信息服务平台包含社区管理系统、政务服务系统、物业管理系统和社区居民服务系统，各系统可部署在城市云平台上，连接的基础设施物联网设备通过城市统一的物联网平台接入、管理以及提供数据，通过市数据共享交换平台为社区的各智慧应用、居民服务系统提供外部数据支撑。

6.4.4　众创乡村

以高质量发展为内核，以农村改革为突破口，全面推进十项重点工程，高质量打造“中国众创乡村”，高水平建设现代化“和美乡村”，实现农业更强、农村更美、农民更富、乡村更美。

努力建设星级“和美乡村”，高质量提升农村人居环境；持续推进“国企＋精品线＋农业标准地”建设，高质量打造乡村振兴产业线；要多元谋划乡村造血机制，高质量激活“三农”发展动能；统筹推进农村土地制度改革，高质量促进城乡融合发展；引领文明和谐风尚，夯实乡村治理基础。

案例6－21　众创乡村建设信息化平台建设重点

“众创乡村”建设需要全局规划、统筹安排。智慧农业是“众创乡村”建设的信息化平台，通过数据与服务融合、感知中枢、数据智脑以及地图引擎、流程引擎和服务管理等通用部件，完成一个融合计算、全域感知、规模复用、AI 引领的整体方案，推动众创乡村建设。

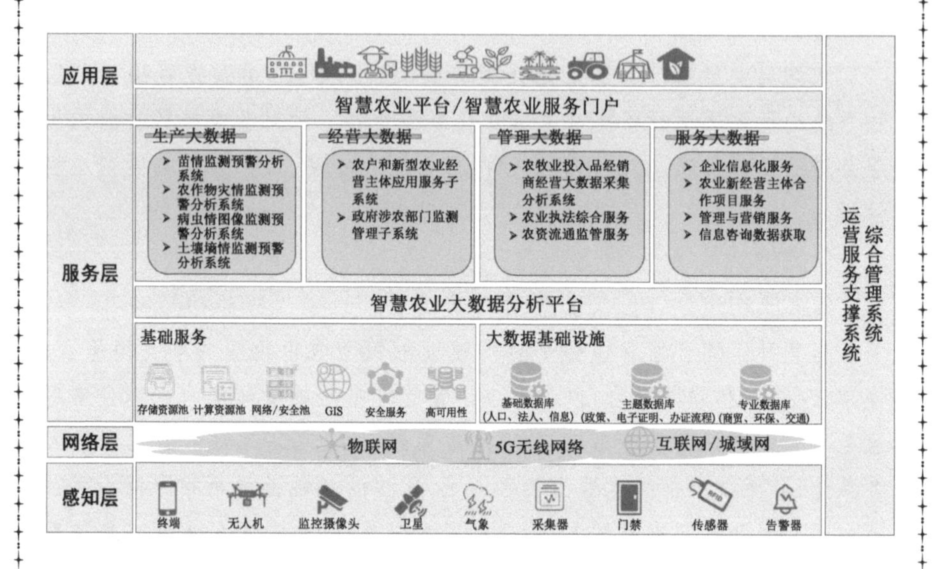

围绕“众创乡村”实际需求，以农业智脑引擎为核心，建设“1＋3＋1”智慧农业综合服务体系。

一个数据平台即“智慧农业”大数据综合支撑服务平台。三张网是农联网、溯源网、物联网对智慧农业的必要支撑。一个指挥调度中心。

加快全市智慧农业建设。智慧农业以“互联网＋农业”为抓手，促进农业现代化、信息化的深度融合，助力众创乡村建设，需要从以下几个方面展开。

1）发展农业电子商贸，推动城乡同质发展

农村电子商贸平台，通过网络平台嫁接各种服务于农村的资源，拓展农村信息服务业务、服务领域，使之兼而成为遍布镇、村的三农信息服务站。作为农村电子商务平台的实体终端直接扎根于农村服务于三农，真正使三农服务落地，使农民成为平台的最大受益者。

建设农村电子商务服务需要包含网上农贸市场、数字农家乐、特色旅游、特色经济和招商引资等内容。

(1) 网上农贸市场。迅速传递农林渔牧业供求信息，帮助外商出入属地市场和属地农民开拓国内市场、走向国际市场。进行农产品市场行情和动态快递、商业机会撮合、产品信息发布等。

(2) 特色旅游。依托当地旅游资源,通过宣传推介来扩大对外知名度和影响力。从而全方位介绍属地旅游线路和旅游特色产品及企业等信息,发展属地旅游经济。

(3) 特色经济。通过宣传、介绍各个地区的特色经济、特色产业和相关的名优企业、产品等,扩大产品销售通路,加快地区特色经济、名优企业的迅猛发展。

(4) 数字农家乐。为属地的农家乐(有地方风情的各种餐饮娱乐设施或单元)提供网上展示和宣传的渠道。通过运用地理信息系统技术,制作全市农家乐分布情况的电子地图,同时采集农家乐基本信息,使其风景、饮食、娱乐等各方面的特色尽在其中,一目了然。既方便城市百姓的出行,又让农家乐获得广泛的客源,实现城市与农村的互动,促进当地农民增收。

(5) 招商引资。搭建各级政府部门招商引资平台,介绍政府规划发展的开发区、生产基地、投资环境和招商信息,更好地吸引投资者到各地区进行投资生产经营活动。

2) 建设农业生产管理平台,致力发展高效农业

高效农业是以市场为导向,运用现代科学技术,充分合理利用资源环境,实现各种生产要素的最优组合,最终实现经济、社会、生态综合效益最佳的农业生产经营模式。

农业生产管理平台是依托现代信息技术,特别是遥感技术(RS)、地理信息系统(GIS)、全球定位系统(GPS)、传感器技术、射频识别技术、智能分析和智能控制技术的应用,因具有宏观、实时、低成本、快速、高精度的信息获取,高效数据管理及空间分析的能力,从而成为重要的现代农业资源管理手段。

将现代信息技术的成果引入农业科研、生产、经营和管理系统中,进行创新,重在应用;利用现代信息技术对传统农业进行改造,加速农业的发展和农业产业的升级。

案例 6－22　物联网技术在农业中的应用

物联网技术在农业领域应用广泛,多功能融合的新型集成化感知层产品、智能数据采集装置和控制装置,通过智能化操作终端实现农业生产的产前、产中、产后全过程监控、科学管理和即时服务,进而实现种植集约、高产、高效、优质、生态、安全和可追溯的目标,促进现代农业发展。

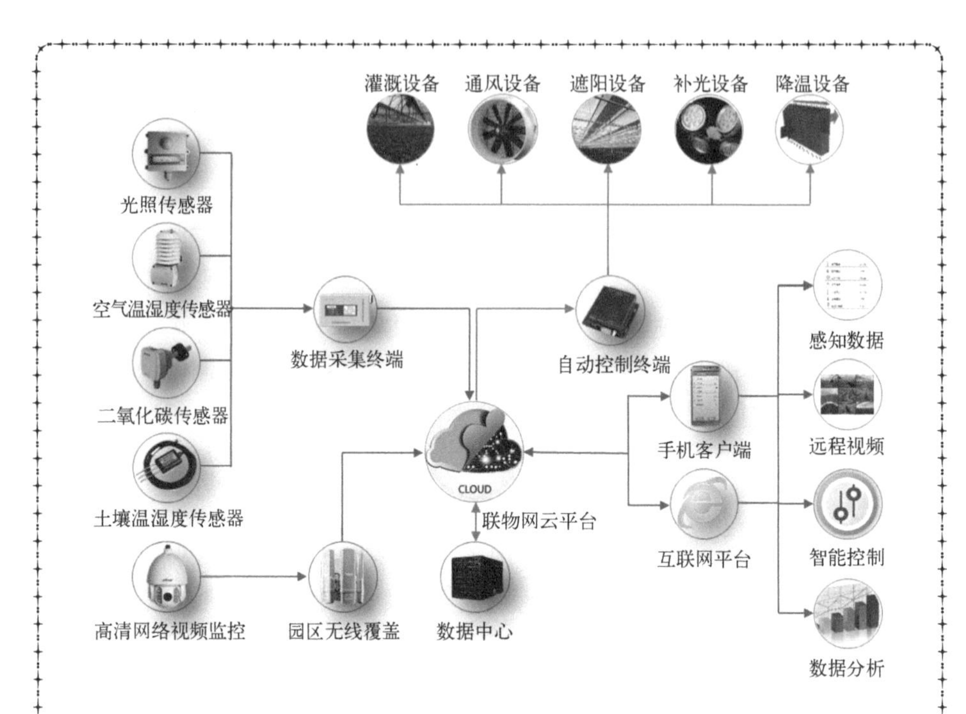

(1) 物联网在农业生产方面的应用。物联网技术在农业生产方面的应用解决了“种得好”的问题,尤其是在温室大田种植、畜禽水产养殖、农机物联网方面得到广泛应用。

(2) 物联网在农业监管方面的应用。一是实现农业的生态环境监测。农业生态环境是影响农产品质量安全的基础;二是实现农产品安全追溯监管。

(3) 物联网在农业资源利用的应用。通过物联网技术既可以了解到对农田有益的水分、土壤、肥料的分布与蕴含情况,又能够及时对监测区域的农作物生长、植物病虫害进行预警,为农业部门生产决策提供科学依据。

(4) 物联网在农产品电商方面的应用。物联网技术的应用可以为农产品电商平台实现农产品推介、网上交易功能,还可对农产品安全生产全过程溯源。

3) 建设三农信息服务平台,精细农村治理

建设三农信息服务平台,推进农村社会治理。提升基层政府的农村社会动

员能力，促生农民的公共事务参与诉求，重建农村社区的联系和组织，增进农村社会治理主体间的协同合作。推进农村依法治理，增强农村法制教育的实效，便利农村基层法治的监督。实现农村的网格化管理，扩大农村公共产品的供应，助力农村弱势群体的帮扶。推进农村综合治理，更新农民的价值道德观念，再造农村的社会舆论场。

案例6-23　三农服务平台建设重点

充分运用现代信息技术、物联网技术和农业科技成果，实现对农业生产准确、全面、高效的管理和服务，是提升政府治理能力、部门服务效能的重要体现，也是为民服务的内在要求。

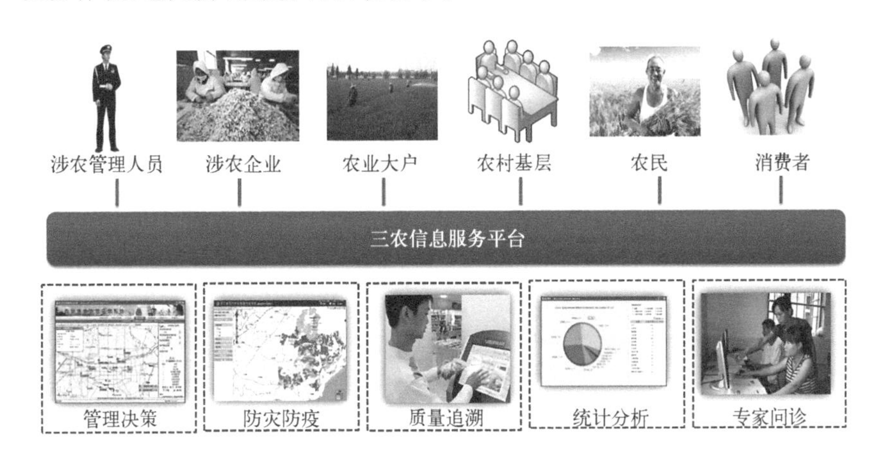

(1) 农业投入品监管大数据应用体系建设。建立和完善种子、农药、化肥、兽药、饲料和农资打假大数据监管预警体系，实现对农资生产、批发、零售到最终使用的各个环节进行全程监管。

(2) 农业综合执法管理大数据应用体系建设。实现农业综合执法大数据实时共享与监测预警，采用手持智能终端，实现网上办案、农业执法案件的网上审批及所有法律程序、法律文书的网上制作，以及农业执法现场信息及时采集等。

(3) 三农舆情监测预警大数据应用体系建设。对网络和农业部门相关业务系统中产生的涉农社会舆情信息进行监测、分析、研判和预警，为各级农业部门提供决策支持，并实现农业系统舆情工作的调度与管理。

(4) 农产品质量安全监管与追溯大数据应用体系建设。对农产品生产、加工、质检、仓储、包装、运输、销售等环节进行精细化管理,建立完善农产品质量安全追溯公共服务平台,逐步建立以追溯码为基础的市场准入制度。

4) 发展农村电子政务,切实为乡村发展服务

通过建设农村电子政务,整合已有信息资源,按照政策法规、供求信息、市场信息、新闻中心、掌上生活以及农技知识库等信息模块向外发布,同时采用信息定制推送等方式为用户提供便捷的个性化服务。

同时,加快农村电子政务平台建设,同时大力引导农民使用电子政务,切实为乡村发展服务,切实解决农村居民对移动政务的期望和需求,特别是在医疗、教育、户政、交通等方面。

第7章　智慧城市的实施保障

7.1　智慧城市基础设施体系

城市信息基础设施体系，含城市大脑、通信网络、云数据中心、可视化展示、城市会客厅、市民体验馆和物联感知设施等信息化基础设施。本章介绍智慧城市基础设施体系[12]。

7.1.1　城市大脑

城市大脑是智慧城市的心脏，是智慧城市体系的内核，是智慧城市数智中枢，是数字经济的发动机，是新型智慧城市的载体。

城市大脑可以由物联感知中枢、数据中台、业务中台、算法中台、大数据平台、共享交换平台、城市时空信息平台、区块链服务平台(BaaS)，以及共性技术等组件构成[13]。

城市大脑是数据汇聚、治理、分析、挖掘、决策支撑、数据价值变现的平台，采用分布式计算和分布式存储架构，囊括多个行业大脑(大脑集群)，并协调作业。

7.1.2　通信网络

完善城市网络基础设施，积极打造“全光网城市”，加快构建高速畅通、覆盖城乡、服务便捷的通信网络。加快推进5G网络建设，促进5G产业发展，全方位助力提升城市智慧水平。优化提升电子政务网络，提高基础设施建设集约化水平。建设国际信息通信专用通道，提升城市国际贸易和跨境电商企业的国际通信服务能力。

1) 完善城市宽带网络建设

(1) 落实“宽带中国”战略，大幅提升光宽带网络接入能力和品质，实现“光纤入户、千兆示范”引领，城乡普遍提供千兆级接入服务能力，满足城乡家庭灵活多样的信息服务需求。各功能区、产业园区、科技园区、商务楼宇实现“光纤到桌面”,企事业单位带宽接入能力达到1 Gbps以上。

(2) 提高骨干网和城域网出口带宽,增强高速传送、灵活调度和智能适配能力。优化互联网骨干网络结构,提升互联网城市出口带宽和网络流量疏通能力,大幅增加网间互联带宽,提高互联互通水平。

2) 加快推进5G网络建设

加快推进5G网络建设和商用进程,支持电信运营商开展5G网络测试及应用试验,推动企业参与布局5G业务商业化特色应用,打造面向5G技术的信息消费、智能制造和智慧城市示范区。

(1) 推动5G基站统筹规划,整合电信运营商的需求和存量设施,加快完成全市5G基站站址规划编制,推动共建共享,提高集约化水平。探索综合利用路灯杆、监控杆等市政设施的基站设置新模式,建成先进适用、组网灵活的5G移动通信网络。

(2) 推进5G+行业应用,融合云计算、大数据、物联网、人工智能等各类新技术,推进5G与工业互联网、车联网、智慧医疗、智慧旅游、智慧教育等领域的跨界融合创新应用,提升智慧城市新体验,着力打造5G应用示范城市。

3) 优化提升电子政务网络

按照基础设施建设集约化建设要求,完成全市电子政务外网整合升级,优化网络结构,强化网络管理,提高网络业务承载能力,支撑各部门之间的数据互通,以及跨地区、跨部门的业务应用、信息共享和业务协同。

(1) 推进各局委办专网业务向电子政务网络迁移,推进互联网出口的整改与部门专网撤并工作,利用现有政务外网骨干链路,将全市各委办局专网网络按照省、市、县三级架构并入政务外网,实现原各部门专网内以及与政务外网间的信息互访和资源共享,为智慧城市、“最多跑一次”改革等工作提供有力支撑。

(2) 优化提升电子政务网络接入层、骨干汇聚层承载能力,提高互联网出口带宽,扩大政务网络覆盖范围,推进政务网络横向互联和纵向贯通,建成标准统一、安全可靠的政务网络体系,促进部门间的信息资源共享与互通。

4) 推进国际通信专用通道建设

推进城市至国际通信出入口局的100 G国际互联网专用通道建设,实现本地网络至国际互联网出入口直联,提高城市企业国际互联网访问速度和质量,有力提升城市国际贸易和跨境电商企业的国际通信服务能力,为城市创建跨境电商综合试验区、国际贸易试验区及优化营商环境提供坚实的网络通信保障。

7.1.3　云数据中心

建设面向未来的“1＋3”架构的云平台，即通过统一云管平台形成整体 1 朵云，建设保障高可靠高可用的“同城双活、异地灾备”3 个中心。汇聚及沉淀城市各类信息资源，承载和聚合智慧城市应用，实现城市一体化的管理和公共服务，驱动智慧城市持续创新和需求快速响应，促进城市可持续发展。

1）提升云平台服务能力

（1）补齐短板，丰富云平台服务能力。如完善 PaaS 服务，提升应用管理、微服务治理、DevOps、数据服务等场景能力；打造迁移服务，提供业务上云“一站式”解决方案，助力局委办系统上云。以统一的标准、完备的能力更好地满足智慧城市建设需求。

（2）加快城市云平台安全能力建设。一是建设云平台自身的安全能力，建立可信、可靠的云服务平台；二是提供云租户信息安全保障，主要是为云上各个云租户提供可按需申请及部署的安全产品资源池，为云上租户提供一站式的信息安全服务。保障云平台为各局委办提供安全可靠的计算、存储和防护能力，满足各单位使用统一的基础设施服务、数据库服务、应用服务、安全服务的需求。

2）完善云平台两地三中心布局

（1）落实面向未来的两地三中心布局。建设同城双活数据中心保证重要业务系统的连续性；建设一个异地灾备数据中心，实现数据的异地备份；通过两地三中心的建设为智慧城市等业务提供最高级别的故障恢复能力。因为公有云具有零 IT 硬件成本投入、云设施零维护工作量、本地无能源消耗、低碳环保、按需弹性使用云资源等诸多优势，城市智慧城市建设宜采用公有云和自有云组合的混合云架构。建议由主数据机房、第二 IDC 机房和第三方公有云共同构成两地三中心的数据容灾备份架构，采用“同城双活，异地灾备”模式，即同城两个节点采用系统双活的工作模式，而数据容灾则采用公有云异地备份的模式如图 7－1 所示。

制定数据容灾备份策略，且能够执行并实施数据容灾备份策略至关重要。依据城市信息化系统现状和发展规划，城市数据容灾备份策略建议如下：① 智慧城市所有信息化系统数据采用数据级全量云备份；② 城市核心关要信息化系统，建议采用应用级容灾。

（2）建设统一云管平台。根据两地三中心布局，城市智慧城市云平台要考虑公有云和私有云的协同管理，需要建立统一的云管平台。

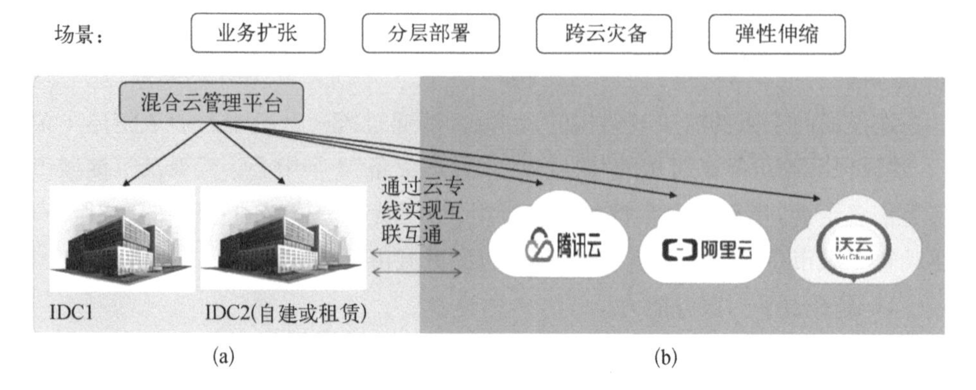

图 7-1 数据容灾备份架构
(a) 私有云 (b) 公有云(数据备份专云)

7.1.4 可视化展示

1) 展示智慧城市成就

为展示城市风采、展示智慧城市建设成就、方便应急指挥、统一运营管理，以大屏显控系统作为核心的智慧城市管理系统，可将智慧城市信息全面整合、共享在大屏上，建立一个集中展现、运维、管理、协调、指挥、调度的综合环境。

(1) 跨度广。智慧城市密不可分的重要行业领域，如国防军队、公检法、公共交通运输、安防监控、能源生产等行业信息全面集中整合，将所有音视频信息全面汇聚在大屏上统一展现，如监控画面、大数据可视化信息、预案模块、音频控制区域、会议设置、超高分云图等可上屏在特定区域内展现。

(2) 维度大。采用分布式的架构，使得单个系统节点独立运行计算，并且通过公有云的连接方式、云存储的数据存储模式，实现快速、安全地调取各系统节点处理后的信息并最终整合，高效计算统计的同时，使得系统与系统之间存在多向联系，挖掘维度更大的系统网络，而又能合理有序共享，运维高效、安全可靠。

(3) 深度深。大屏显控系统是对智慧城市中至关重要的物联网技术(loT)的应对策略，它可在 LoT 感知延伸层实现信息采集捕获，对多类型信号源如 IPC、PC、图形工作站等接入，在网络层上让移动网络成为主要接入方式，建立端与端的全局网络，并层层叠套，在局部形成自主网络的前提下再去链接更大的网络，形成层次性的组网结构，在应用层面上采用云计算等技术，将智慧城市数以亿计的实时动态管理数据变成可能，并自动对数据进行收集、分析、生成问题，进行预案、自动报警设置。

2）展示大屏设计理念

集大屏展示、参观（城市客厅、市民体验厅）、监控（指挥大厅）、决策指挥（应急指挥）、运营管理为一体的布局方式，既融为一体，又逻辑隔离。其功能设计要求如下。

（1）科学合理的顶层设计规划，便于指挥中心不断地迭代更新。

（2）功能齐全、平战结合。各类功能场所一应俱全，如应急指挥大厅、会商室、值班室、办公室、新闻发布厅、全网发布室、城市客厅等，满足城市日常运行管理之外，更应实现紧急期全方位指挥、全社会媒体信息发布，真正实现平战结合。

（3）资源整合、数据共享。打通各部门数据资源共享，在应急指挥/公共安全指挥上实现全网接入、一点指挥。

（4）实时显示城市仪表盘，城市运行数据智能分析，输出结果，以辅助决策。

（5）真实运营场景中应体现设计合理性、运营专业性、决策快速性、发布及时性。

（6）智慧城市运营中心（IOC）提供动力、网络、专业团队保障。

7.1.5　地理空间框架

智慧城市的建设运营都是在三维空间和时间交织的四维环境中进行的，时间、空间能够描绘城市的建设发展，而测绘地理信息（即基础时空数据）是提供时间、空间信息最有效的方法和手段。地理空间框架作为基础时空数据的唯一载体，是智慧城市建设运营的地理底图，可为城市时空信息平台的建设及其他局委办应用提供支撑。

1）细化基础时空数据

进一步丰富大比例尺矢量数据、高分辨率影像数据及高程模型数据。

以地形图为基础，对境界、政区、道路、水系、院落、建筑物、植被等内容进行实体化，并赋予唯一编码，作为与其他行业和专题数据进行关联的基础。

扩充自然村以上的行政地名，建立市级、镇街级和行政村（社区）级三级区划单元，实现市辖范围精细化地名地址全覆盖。

涵盖全景及可量测实景影像、倾斜影像、激光点云数据、室内地图数据、地下空间数据、建筑信息模型数据。

2）优化数据更新机制

明确并保障落实除高程模型数据外其他基础时空数据的更新频率和更新范围，完善与国家、省、市三级基础地理信息数据库的联动更新机制，实现不同尺度地理信息数据及时同步更新，保障基础地理信息数据鲜活。

7.1.6 数字孪生城市

数字孪生城市(Digital Twins City)为各地智慧城市建设提供了新思路、新模式，让城市治理者看到城市现代化治理体系以及高质量发展的曙光，让城市居民憧憬随需而动、无处不在的智能化服务。发布未来社区建设试点实施方案，制定“未来社区”九大场景，提出构建现实和数字孪生社区要求。舟山市、西咸新区、重庆市、长三角一体化示范区等地纷纷采用数字孪生城市的建设理念和模式，先后制定智慧城市顶层设计和规划，以数字孪生城市为导向推进智慧城市建设[14]。

本质上，数字孪生城市是面向新型智慧城市的一套复杂技术和应用体系，多门类技术的集成、多源数据的整合和各类平台功能的打通是数字孪生城市成功的关键要素。因此，数字孪生城市并没有脱离智慧城市的总体架构布局，由新型基础设施、智能运行中枢、智慧应用体系三大横向层，以及城市安全防线和标准规范两大纵向层构成[15]。

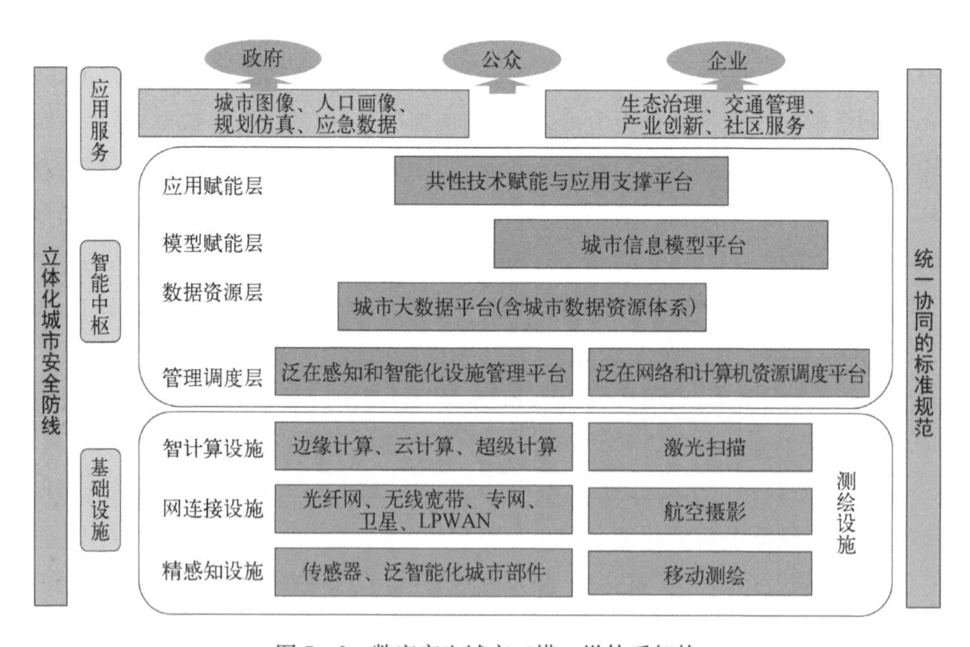

图7-2 数字孪生城市三横二纵体系架构

随着城市数据的不断汇聚累积，各类新技术交叉集成创新赋能，以及共性应用支撑能力加大封装力度，数字孪生城市的智能中枢作为连接底层终端设施、驱动上层行业应用的核心环节，在传统智慧城市重大平台的建设基础上，进一步形成泛在感知与智能设施管理平台、城市大数据平台、城市信息模型平台、共性技术赋能与应用支撑平台等核心平台。

智慧应用体系不仅包括基于数字孪生内核的各行业领域应用，如城管、应急、医疗等，更包括凸显数字孪生“一盘棋”管理特征的超级应用，如城市画像、人口画像、虚拟服务、决策仿真等。

城市信息模型平台（CIM），与城市大数据平台融合，成为城市的数字底座，是数字孪生城市精准映射虚实互动的核心。共性技术赋能与应用支撑平台，汇聚人工智能、大数据、区块链、AR/VR等新技术基础服务能力，以及数字孪生城市特有的场景服务、数据服务、仿真服务等能力，为上层应用提供技术赋能与统一开发服务支撑。泛在网络与计算资源调度平台，主要是基于未来软件定义网络（SDN）、云边协同计算等技术，满足数字孪生城市高效调度使用云网资源的需求。

从关键技术看，与传统智慧城市相比，数字孪生城市技术要素更复杂，不仅覆盖新型测绘、地理信息、语义建模、模拟仿真、智能控制、深度学习、协同计算、虚拟现实等多技术门类，而且对物联网、人工智能、边缘计算等技术有新的要求，多技术集成创新需求更加旺盛。其中，新型测绘技术可快速采集地理信息进行城市建模，标识感知技术实现实时“读写”真实物理城市，协同计算技术高效处理城市海量运行数据，全要素数字表达技术精准“描绘”城市前世今生，模拟仿真技术助力在数字空间刻画和推演城市运行态势，深度学习技术使得城市具备自我学习智慧生长能力。

从核心平台看，数字孪生城市在传统智慧城市建设所必需的物联网平台、大数据平台、共性技术赋能与应用支撑平台的基础上，增加了城市信息模型平台，该平台不仅具有城市时空大数据平台的基本功能，更重要的是成为在数字空间刻画城市细节、呈现城市体征、推演未来趋势的综合信息载体。此外，在数字孪生理念加持下，传统的物联网平台、大数据平台和共性技术赋能与应用支撑平台的深度和广度全面拓展，功能、数据量和实时性大大增强，如与数字孪生相关的场景服务、仿真推演、深度学习等能力将着重体现[16]。

从应用场景看，数字孪生城市的全局视野、精准映射、模拟仿真、虚实交互、智能干预等典型特性正加速推动城市治理和各行业领域应用创新发展。尤其在城市治理领域，将形成若干全域视角的超级应用，如城市规划的空间分析和效果仿真，城市建设项目的交互设计与模拟施工，城市常态运行监测下的城市特征画像,依托城市发展时空轨迹推演未来的演进趋势,洞察城市发展规律支撑政府精准施策,城市交通流量和信号仿真使道路通行能力最大化,城市应急方案的仿真演练使应急预案更贴近实战等。在公共服务领域,数字孪生模拟仿真和三维交互式体验,将重新定义教育、医疗等服务内涵和服务手段。同时,基于个体在数字空间的孪生体,城市将开启个性化服务新时代。

从未来发展看,随着数字孪生城市建设的持续深入和功能的不断完善,未来生活场景将发生深刻改变,超级智能时代即将到来。同时,技术加速集成创新将打破智慧城市现有产业格局,促使产业重新洗牌,新的独角兽可能出现。此外,技术的变革将倒逼管理模式的变革,正如生产力进步引发生产关系的变化,数字孪生城市的建设和运行,将推动现有城市治理结构和治理规则重塑调整。

7.2 运营支撑体系

7.2.1 创新可运营模式

7.2.1.1 多元合作,引导企业投资

政府应创造一个“公平、公正、公开”的市场环境,鼓励建设和运营模式创新,积极探索智慧城市的发展路径、管理方式、推进模式和保障机制,提升政府的科学决策能力和管理水平。打破部门分割和行业壁垒,推动部门、行业、群体、系统间的数据融合、信息共享、业务协同和智能服务。激发市场活力,鼓励社会资本参与建设和运营,避免大包大揽和不必要的行政干预,建立形成可持续的运行和管理机制。

智慧城市建设是一个庞大的工程,只有社会各界的广泛参与,才能推动智慧城市的欣欣向荣,蓬勃发展。城市要围绕“善政、兴业、惠民、宜居”进行智慧城市建设,涉及领域广,需要多元职能角色加入。智慧城市建设不能仅依靠政府投入,而是需要政府和企业合作共赢。对地方政府来说,要保护与转化企业的积极性,学会千方百计引导企业自身来投资,或者创造条件来形成有利于投资智慧城市的产业链条,吸引更多的企业和社会资本加入,智慧城市建设中政府过度投入的现象才能得到缓解。

加大引资力度,创新融资方式。首先要加大引资力度。要摒弃过去政府包揽一切的思维,对于需要用市场的办法来解决的问题,要坚决依靠市场。其次,在智慧城市建设资金的筹集过程中,要创新融资方式。要大力发展创业投资,通

过私募市场和投资基金支持智慧产业的发展，勇于试水 PPP 等公共基础设施融资的新模式。

7.2.1.2　智慧城市可持续投资运营模式

智慧城市运营商和多种智慧城市参与角色的出现，将使智慧城市的建设运营脱离政府(或开发商)主导的单一模式，使公私合营、多方参与的城市建设运营成为可能。多方角色的参与将催生多样化的建设运营模式，使城市、园区、社区等主体能够根据自身能力和需求选择智慧城市服务，参与智慧城市建设运营过程。

目前智慧城市建设有三种典型的运营模式。

1) 单一主导型(政府自建自营)

以政府财政拨款或业主出资的方式直接建设、维护、运营智慧城市，服务内容和模式由出资方主导，服务企业按要求提供服务和产品。

单一主导型建设运营模式是当前最主要的智慧城市落地模式。根据建设规模的不同，单一主导模式的主导方可能是城市政府(城市级)、园区管委会(园区级)、开发商(社区级)、物业业主(建筑级)等。其主要特征包括资金来源单一、前期投入较大、主导方对项目具有完全的把控力，由于主导方承担过程中的全部费用和责任，需要主导方对建设周期、可能风险、成本与收益平衡具有较高的把控能力。

2) 合作型(政府、服务企业、社会资本合建合营)

引入外部资本投资建设，在稳定运营/经营一定时间后交还政府或业主，或由政府和企业共同出资进行持续经营，可用于具有一定经营性的智慧城市项目。

智慧城市的建设运营，除了直接由政府和业主买单，还可以通过特许经营等方式引入外部资本和合作方。通过政府和业主赋权、企业经营的方式，政府和业主能够节约智慧应用项目建设运营的资源和成本，企业能够通过提高效率、挖掘价值的方式获取收益。这种方式适用于具有一定盈利能力的智慧城市项目。

3) 多方参与型(政府、企业、社会资本、用户、市民等共同参与)

政府与社会资本共同出资建设，或多方共同组建智慧城市运营公司，负责智慧城市项目的日常建设和运营管理，可用于参与方较多的智慧社区建设。

智慧城市的建设是一个需要多方参与的开放过程，政府、企业、研究机构、市民等不同角色都可以参与到智慧城市的建设过程中，并实现多方角色的效益最大化。当前，多方参与型的智慧城市建设运营仍需要不断探索和实践，形成有效的参与机制、权责分配与互动机制和管理者角色的转变。

城市智慧城市建设可根据不同的项目选择不同的建设运营模式。

案例 7-1　北京未来科学城运营模式借鉴

未来科学城作为北京市构建全国科创中新重点建设的三大科学城之一，秉承"创新、开放、人本、低碳、共生"的发展理念，已吸引神华集团有限责任公司、中国电信集团公司、中国电子信息产业集团有限公司等15家央企入驻，拟投资建设研究院、研发中心、技术创新基地和人才创新创业基地，研发涉及新能源、新材料、节能环保、新一代信息技术等战略性新兴产业的重点领域，并逐步探索出高效的运营模式。

从整个未来科学城的整体建设角度看，未来科学城采用平台公司+专业公司的运营模式。平台公司负责未来科学城的整体建设工作，并基于与政府的互信平台建立政府与专业公司的桥梁，成立专业公司，进行城市各子领域的建设及运营。

具体来看，平台公司层面，作为未来科学城的开发建设与运营主体，北京未来科学城发展集团围绕未来科学城建设发展，着力推进土地一级开发、部分经营性地块二级开发、城市运营管理、科技资源管理与服务等业务发展。集团下设9家子公司，其中包括3家城市基础设施运营子公司：北京未来科学城科学发展有限公司、北京未来科学城城市运营管理有限公司与北京未来科学城汽车租赁有限公司。其中，北京未来科学城科学发展有限公司负责以建设智慧城市为核心，重点发展业务包括：信息化基础设施服务、系统集成服务、运维服务、大数据服务和智慧解决方案服务。北京未来科学城城市运营管理有限公司负责10平方千米园区的安全有效运行，主要业务包括市政设施、园林养护、道路清扫等运维管理方面的各项工作。北京未来科学城汽车租赁有限公司负责新能源汽车租赁、入住央企的班车服务等子领域的运营。

专项分包公司，除自建自营的园林绿化专业公司外，3家城市运营子公司分别在环保环卫、路面基础设施、管线管廊、道路安全等子领域与负责轻资产化运营的专业公司签约并负责对专业公司的监管与结算。目前，未来科学城城市运营的领域包括信息基础设施、综合运营管理中心、市政管理以及交通的小部分内容。

从运营出资方角度看，政府财政资金与社会资本是未来科学城运营资金的主要来源。其中，政府资金主要支持需要大量前期建设运营投入的市政管理及小部分交通管理内容的运营，社会资本则主要支持具有盈利模式非确定性的信息基础设施和城市大脑两部分内容的运营。

7.2.1.3　建立智慧城市合作生态

案例7-2　天津中心生态城运营模式借鉴

作为天津市新型智慧城市建设的试点示范区，中新天津生态城的新型智慧城市规划覆盖了智慧社区、智慧能源、智慧环境、智慧市政、智慧政府、智慧楼宇等领域，在城市运行管理、民生服务、经济产业、生态宜居发展等方面为生态城智慧城市建设提供科学性、系统性指导，让新型智慧城市不仅能带动城市发展，更能改善居民日常生活，不断增进民生福祉，满足居民对美好生活的向往和追求。

运营模式上，中新生态城充分借鉴了新加坡的经验，采用"管委会＋平台公司＋专业公司"的政府引导，企业市场化运作的建设运营模式。天津市政府授权投资公司作为生态城土地整理储备的主体以及基础设施和公共设施投资、建设、运营、维护的主体，享有相应的投资权、经营权和收益权。与此同时，中新天津生态城管委会授予投资公司区域内能源、通信、水务、环卫、交通等经营性项目的特许经营权。管委会对涉及市政路桥、泵站、绿化、公共建筑等的非经营性项目，采用政府购买服务的方式，与投资公司建立市场化的契约关系，无隶属关系，产权清晰。

具体来看，由政府成立中新生态城管委会，主要担任监管智能；中新两国企业分别组成投资财团，各出资50%，成立中新天津生态城投资开发有限公司作为平台公司，作为生态城的运营主体；同时，投资开发公司按照市场化、专业化的经营原则，打破单一管理模式，先后与国内及新加坡优秀企业合作，组建了能源、市政景观、环保、水务、交通、产业园等12家专业公司，负责生态城具体的运营管理等工作。如天津生态城环保有限公司，是由天津生态城投资开发有限公司和新加坡吉宝组合工程有限公司共同出资建立的，是中新天津生态城中从事城市环境保护、污染治理和生态修复的专业公司，是国家级高新技术企业。公司拥有企业博士后科研工作站，建有污染场地治理修复工程中心与绿色环卫技术开发基地。

城市智慧城市建设过程中需要引入多方力量，形成长期合作，多方共赢，共同建设智慧城市。生态合作伙伴当中将包括集成放、投融资、顶层设计、运营、应用商、ICT 提供商等，这些生态合作伙伴在智慧城市的建设上，围绕着城市的需求，实现能力的互补。

智慧城市建设并不只是运营一个小项目，其覆盖范围广、涉及领域多、项目规模大、资金投入高等特点都促使智慧城市建设需要多方参与才能完成，因此，政府组织、产业联盟、学研机构、技术/产品/运营服务商等大批优质的智慧城市参与方互相合作，共同构建立体化的“系统集成/运营/服务＋开放式物联网平台＋大数据云平台＋政企合作平台”产业生态圈。

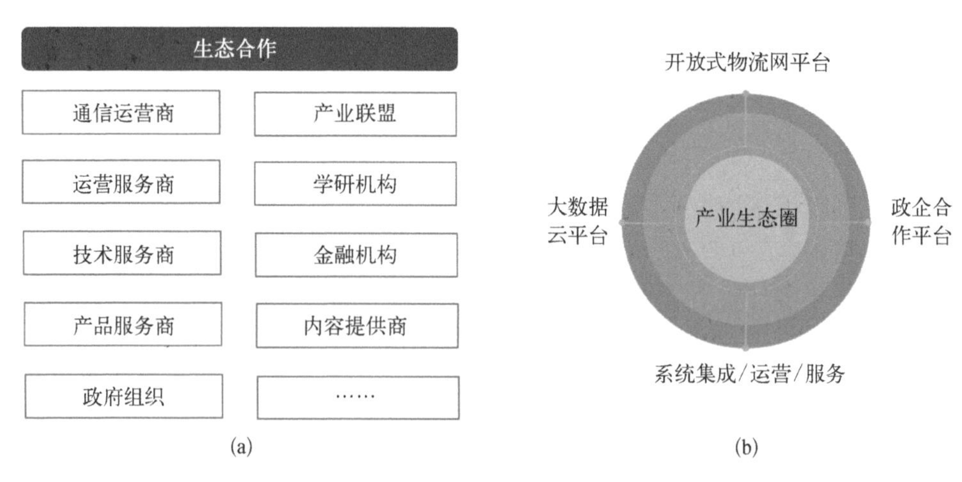

图 7-3　城市智慧城市生态体系

1）引入智慧城市牵头方

智慧城市的牵头方是智慧城市建设的核心力量，需要具备智慧城市集成、运营等综合实力，最好是城市智慧城市的平台建设方。将来随着智慧城市的建设，城市的各种数据都会跑在智慧城市的平台上，信息安全尤为重要。智慧城市牵头方需要具备集成能力，在基础层面和管理运营层面来整合 ICT 技术架构基础设施提供商、协同设计提供商、应用提供商，使得智慧城市的合作伙伴相互协作、相互分工，但不会与智慧城市的合作伙伴产生利益之争，来共同推进智慧城市生态圈的良性发展。

2）协同 ICT 提供商

在智慧城市的 ICT 基础架构层面，需要引入最全的产品线和全球领先的技术、架构提供商。供应商需要具备从物联网的通信模块到物联网的操作系统、管道、云计算、分布式数据中心以及大数据平台等各个领域都具备全球领先的技术和架构。

3）协同设计提供商

协同设计提供商包括智慧城市业务咨询、顶层设计、可行性研究、初步设计、详细规划等供应商。这些供应商需要具备与城市智慧城市平台对接的能力，实现每个专项领域的规划设计能够与整体架构深度融合。

4）协同应用提供商

智慧城市应用提供商包括智慧政务、智慧交通、智慧医疗等各个领域的应用提供商。这些提供商需要具备行业解决方案的实践经验，并拥有广泛的合作伙伴资源。同时，这些提供商最好能够将单个应用领域的数据和接口资源向智慧城市的生态圈开放，共同来提升智慧城市生态圈的能力，促进良性发展。

7.2.2　智慧城市运营管理中心(IOC)

7.2.2.1　智慧城市运行中心

智慧城市运营管理中心的规划和建设，是一个包括空间、平台、人才和组织以及运营实践的复合型工作，需要将四者进行统筹考虑，才能成为完整的运营管理中心，其中空间是基础，平台是核心，组织和人才是维持中心正常运转的关键。运营管理中心物理空间开发需要综合考虑各方面的定位以对空间功能划分做出合理的规划，满足城市管理者、参观者、运营者等各类人群的使用需求，考虑不同层级参观的动线和尺度。应包括但不限于如下功能区域：作业区、大屏展示讲解区、会议室、指挥室、配套空间、参观通道。运营管理中心为满足日常作业、突发事件响应、部门协同工作以及参观接待的需要，应包括但不限于如下设施设备：大屏展示体系、音响系统、协同指挥系统(需要与城市应急指挥系统对接或直接采用该系统)、高性能电脑及显示器等监控操作台，VR 眼镜、iPad 等创新应用设备。

城市综合运营管理中心平台应融合 3D、全息投影、VR 等可视化技术，构建城市运营管理全局视图，实现对城市进行跨领域、全方位、多层次的信息整合和实时监控。对城市的状态进行全面监控，包括平安城市的视频监控、物联网体系的市政设施监控、智慧交通的道路监控、智慧生态的天气及水文等指数监控，同时实时展现城市各项指标的情况以及异常数据的提醒和预警等。

智慧城市一分建设，九分运营；建设是基础，运营是关键。在顶层设计过程中，必须把运营的理念贯穿始终，使智慧城市成为一个有动力、有活力、有生命力的良性循环系统。为了确保智慧城市正常运营及其持续迭代升级，建议设立“智慧城市运营管理中心”。

7.2.2.2　设立“市应急指挥中心/公共安全指挥中心”

设立城市“市应急指挥中心/公共安全指挥中心”，负责全市重特大突发应急事件的协调、指挥、调度、处置和信息报送，收集、整理、整合全市应急基础数据，做到统一平台、一图呈现、资源共享。依托市大数据平台实现重特大突发事件的预警、预测和预防，做到预防为主、平战结合。实现指挥平台与应急委各成员单位应急系统的对接、联动，提升城市应急快速反应能力和突发事件处理效率，做到突发事件全程留痕、复盘分析、结果汇集，并据此不断完善修订应急预案。

各指挥调度中心同时支持固定和移动多手段指挥方式，实现对各种资源的统一调度；指挥中心通过现场图像和 GIS 地图实时掌握现场态势，高效下达指挥命令。对城市各部运行情况进行分析，并根据模型，预测城市发展中可能产生的问题，对管理者的决策起到辅助作用。

建立政府管理服务指挥中心，与智慧城市运行管理中心建设有机结合、相互补充，形成政府管理与对外服务相互协同的一体化城市运行管理体系。

市应急指挥中心整合城市政务信息资源和公共服务机构、互联网、企业、通信运营商等信息资源等，并进行深度挖掘、综合应用，实现对城市的全面感知(智能化)、态势监测(可视化)、事件预警(可控化)，实现一张图实时掌控城市运行态势；同时与各乡镇、各部门互联互通，形成协调联动机制。依托政府应急指挥中心建设第三代应急指挥系统，实现问题及隐患“第一时间发现、最短时间响应、最快时间处置、第一时间反馈”，提升跨区域、跨部门、跨领域的协同处置能力，以及突发事件响应速度和处置效率，推动从被动式、应急式向主动式、预警式城市管理模式转变。

整合安全生产、消防管理、民政救灾、地质灾害、防汛抗旱等相关应急系统，通过电子政务网和共享交换平台对接其他部门应急管理业务相关数据，分类接入公安、气象、自然资源、水利、交通运输等外部单位信息资源，不断扩大应急数据信息获取范围，建立覆盖应急管理信息链条的统一共享中心数据库，实现上下贯通、左右衔接、互联互通、信息共享、互有侧重、互为支撑、安全畅通的综合性应急管理业务信息化平台，形成智能化的应急网络体系，从而防范化解重特大安全风险，健全公共安全体系，整合优化应急力量和资源，推动形成统一指挥、专常兼备、反应灵敏、上下联动、平战结合的应急管理体制，提高防灾减灾救灾能力，确保人民群众生命财产安全和社会稳定。

“市应急指挥中心/公共安全指挥中心”，在非常态下，是市应急指挥中心，市领导亲临指挥中心现场应急指挥；在常态下，是公共安全监测指挥中心，即大安防指挥体系。

加强市应急指挥中心和公安指挥中心之间的互联互通和数据共享，加强数据安全保障和监管，形成数据共享使用、互为备份的双中心运行联动格局，更好地支撑政府运行管理和公安指挥业务。“双中心”在职能上和功能上互为补充，共同提升城市治理能力。

7.2.2.3 城市数据展示中心

可以设立城市智慧城市大楼。城市数据展示中心设置于城市智慧城市大楼。城市数据展示中心，包含智慧城市展示大屏、市民体验厅、城市会客厅、智慧城市运营管理中心等设施。

7.3 实施路径

7.3.1 推进策略

基于城市建设的现实基础，结合国内智慧城市建设的经验总结，以规划期五年为例，智慧城市建设需把握好以下几个方面。

1）确保不出现结构性瓶颈

智慧城市是一项复杂的巨大系统工程，对于城市云平台、城市大脑（包括城市统合数据库、数据中台、业务中台、算法中台、物联感知中枢、城市时空信息平台）等基础性、结构性、预置能力性的建设内容，需要在智慧城市建设关键节点，作为重点工作进行部署推进，先期建设，并给予持续的关注和重视，以确保智慧城市建设不出现结构性瓶颈。

2）做到灵活配置适应变化

当前发展正处在变革期，需要确保智慧城市建设成果随着城市发展，能够适应需求变化，避免建完即遭淘汰。因此，需要在建设中，最大限度地做好“标准化、模块化、结构化、开放性”，各模块形成逻辑独立、可供灵活配置和调用的若干能力，实现各项智慧应用能够随着业务功能需求的变更进行灵活配置、组装和重新整合。

3）与相关创建任务相结合

与改革试验区建设、文明示范城市创建等工作和任务相结合，将智慧城市建设任务、目标、指标、进度等方面与试点示范创建有效对接，实现智慧城市建设与试点城市、示范城市创建的高度统一，借助试点申报和创建工作促进智慧城市建设任务落实和目标实现，利用智慧城市建设更好地完成创建任务，提升创建水平。

4）把握轻重缓急分步推进

智慧城市建设具有投资大、投资主体多元，项目多、时间跨度长，涉及广、渗透各个领域，协调难、实施运营复杂等特点，需要对各类需求做出科学的分析，有序推进。结合发展重点和难点，重点抓好城市云平台、城市大脑、物联网平台、城市时空信息平台等基础性、全局性的项目，以及特别注重商贸和民生领域中部分应用的部署和推广。

7.3.2 推进时序

为保证智慧城市建设分步有序推进，采用系统化的方法来制定智慧城市建设内容的推进时序。

以智慧城市总体架构规划为基础，将建设内容归纳为具体工程。从需求迫切性、实施难易度、工程间的依存关系三个维度进行分析排序，确定智慧城市建设项目按近期、中期和远期三个阶段有序推进。

1）近期建设规划建议

以建设智慧城市信息基础设施（含 5G）、核心设施（即城市大脑），以及直接关系城市治理、商贸支撑、民生服务和生态环保等的 10 个智慧应用为建设重点，初步完成智慧城市基本框架和设施的构建。

2）中期建设规划建议

中期是智慧城市建设的全面展开期。继续完善和夯实智慧城市核心和信息基础设施工程项目建设，并展开基于城市大脑平台业务应用和新业务新应用构建。各领域智慧化建设全面展开，大幅提升各领域信息化智慧化业务支撑能力和业务服务水平。到 2022 年底，智慧城市体系框架得到进一步充实和丰满，应用全面开花，智慧城市建设初步形成规模，打造新型智慧城市建设示范先行区。

3）远期建设规划建议

远期是智慧城市建设的巩固提升期。以信息创造价值为主，智慧化应用进一步融合和普及，智慧城市的各项建设内容全方位推进，并逐步形成统一的整体，智慧化服务全面普及，通过信息的挖掘和利用，实现业务价值的创新和提升，智慧城市建设和应用达到国内领先水平。

7.4　综合保障

新型智慧城市的建设应从组织、机制、资金、人才四个方面进行全方位的综合保障。

7.4.1　组织保障

智慧城市的建设和运营涉及多个部门和行业的多个项目，不同项目的技术和业务管理要求存在显著差异，为保障城市智慧城市建设的扎实落地、运营的高效顺畅，需建立主要领导负责制，成立职责覆盖全面的智慧城市建设运营管理团队，建立专家咨询与行政管理相结合的决策机制，对智慧城市建设的项目管理及城市运营的业务管理，出台相适应的配套制度和业务流程，构建统一领导、上下衔接、统筹有力的综合协调能力，保障智慧城市建设运营顺利推进。

7.4.2　机制保障

开展《城市市信息化促进条例》的立法工作，使各项工作有法可依。在《新型智慧城市规划方案》的框架下，制定《信息化基础设施共享管理办法》《信息资源共享管理办法》《信息资源使用管理办法》《智慧城市建设项目和资金管理办法》等规章，进一步推进信息资源共享目录体系建设，为智慧城市建设的"城市模式"提供政策支撑。

加强业务应用示范试点，在统一基础设施、统一开发标准、统一应用框架下错位发展，特别注重商贸和民生领域中的部分应用的先行建设，推动个性化、有特色的试点创新、实践创新和服务创新。

制定"智慧城市"标准规范和标准体系，结合智慧城市建设国家标准和行业标准，制定信息安全、数据采集、信息交换与共享、信息资源管理与应用等领域的管理办法，为实现各部门的互联互通、信息共享提供机制保障。

7.4.3　资金保障

加大建设资金支持力度，将智慧城市建设纳入政府财政预算，设立智慧城市建设专项资金，研究制定专项资金管理办法，规范项目经费预算编制和资金使用管理，建立支撑项目快速迭代建设的资金审核程序和机制，不断完善财政资金购买服务的流程和机制。

建立多元化的智慧城市建设运营投融资模式，完善风险投资机制，发挥政府投资的导向作用，建立健全政府与企业等多方参与的投融资机制，为参与建设的企业提供一些资金保障的政策和优惠，形成以政府投入为导向，社会资金共同参与的格局，保证项目资金充足，政府投入合理。

7.4.4 人才保障

建立内部宣讲、培训机制，以智慧城市建设为主题，定期在城市各局委办间开展专题培训，并逐步深入基层，增进各部门对于智慧城市建设的共识。发挥市级相关部门的专业作用，协调支持共同参与智慧城市的建设。

优化信息化人才配置，着力引进智慧城市创业创新人才，特别是物联网、云计算、大数据、人工智能等新一代信息技术研发领域的领军人才；加强高技能创新型人才培育，增强专业化人才内生力量。

深化服务外包方式，选择技术实力强、社会信誉好的 IT 企业，通过租人或服务外包的形式增强信息化专业人才力量，确保智慧城市重大项目推进的科学性、专业性和可持续性。

加强与先进智慧城市的交流，吸收其先进理念和有益做法，确保城市智慧城市与时俱进；与国内外有实力的大学、研究机构进行常态化的智慧城市管理建设交流与合作，把握发展新趋势、新动态。

案　例　篇

第8章　智慧城市建设案例

当前，全球范围内城市化进程不断推进。随着互联网和信息化的发展，在云平台、大数据和物联网等技术的支持下，率先在美国“智慧星球”概念下诞生的“智慧城市”，逐渐成为当今世界各国城市建设的发展趋势和选择。

8.1　智慧城市国际案例

自21世纪初期，美国、英国、德国、荷兰、日本、新加坡、韩国等先一步开展了智慧城市的实践，诞生了许多经典案例。

8.1.1　迪比克

该市是美国第一个智慧城市，也是世界第一个智慧城市，它的特点是重视智能化建设。

为了保持迪比克市宜居的优势，并且在商业上有更大发展，市政府与IBM合作，计划利用物联网技术将城市的所有资源数字化并连接起来，含水、电、油、气、交通、公共服务等，进而通过监测、分析和整合各种数据智能化地响应市民的需求，并降低城市的能耗和成本。

该市率先完成了水电资源的数据建设，给全市住户和商铺安装数控水电计量器，不仅记录资源使用量，还利用低流量传感器技术预防资源泄漏。仪器记录的数据会及时反映在综合监测平台上，以便进行分析、整合和公开展示。

8.1.2　纽约

该市通过数据挖掘，有效预防了火灾。

据统计，纽约大约有100万栋建筑物，平均每年约有3 000栋会发生严重的火灾。纽约消防部门将可能导致房屋起火的因素细分为60个，诸如是否是贫穷、低收入家庭的住房，房屋建筑年代是否久远，建筑物是否有电梯等。除去危害性较小的小型独栋别墅或联排别墅，分析人员通过特定算法，对城市中 33 万栋需要检验的建筑物单独进行打分，计算火灾危险指数，划分出重点监测和检查对象。

目前数据监测项目扩大到 2 400 余项，诸如学校、图书馆等人口密集度高的场所也涵盖了。尽管公众对数据分析和防范措施的有效性之间的关系心存疑虑，但是火灾数量确实下降了。

8.1.3 芝加哥

该市通过无处不在的传感器进行城市数据挖掘。

在人们的生活里，无处不在的传感器被应用在了芝加哥市的街边灯柱上。通过"灯柱传感器"，可以收集城市路面信息，检测环境数据，如空气质量、光照强度、噪声水平、温度、风速。

芝加哥城市信息技术委员会提供的资料表明，"灯柱传感器"不会侵犯个人隐私，它只侦测信号，不记录移动设备的 MAC 和蓝牙地址。在今后几年"灯柱传感器"将分批安装，全面占领芝加哥市的大小街区，每台传感器设备初次采购和安装调试成本在 215～425 美元之间，运行后的年平均用电成本约为 15 美元。该项目得到了思科、英特尔、高通、斑马技术(Zebra Technologies)、摩托罗拉以及施耐德等公司的技术和资金支持。

8.1.4 伦敦

该市利用数据管理交通。在 2012 年奥运会期间，负责运行伦敦公共交通网络的公共机构"伦敦运输(Transport for London)"，在使用者增加 25%的情况下，使用收集自闭路电视摄像机、地铁卡、移动电话和社交网络的实时信息，确保火车和公交路线只是有限地中断，从而保证交通顺畅。

8.1.5 阿姆斯特丹

该市是世界上最早开始智能城市建设的城市之一，同时是欧洲智慧城市建设的典范。

作为荷兰最大的城市，阿姆斯特丹共有 40 多万户家庭，二氧化碳排放量占全国的三分之一。为了改善环境问题，该市启动了 WestOrange 和 Geuzenveld 两个项目，通过节能智慧化技术，降低二氧化碳排放量和能量消耗。

该市还实施了 Energy Dock 项目，在阿姆斯特丹港口的 73 个靠岸电站中配备了 154 个电源接入口，便于游船与货船充电，利用清洁能源发电取代原先污染较大的燃油发动机。

为了节省能源，该市启动了智能大厦项目，在未给大厦的办公和住宿功能带来负面影响的前提下，将能源消耗减小到最低程度，同时在大楼能源使用的具体数据分析的基础上，使电力系统更有效地运行。为建设可持续公共空间，启动了气候街道（The Climate Street）项目，缓解乌特勒支大街的拥堵。

8.1.6　斯德哥尔摩

该市在治理交通拥堵方面取得了卓越的成绩。

瑞典国家公路管理局和斯德哥尔摩市政厅通过智慧交通的建设，既缓解了城市交通堵塞，又减少了空气污染问题，现在智能交通系统已经成为斯德哥尔摩的标签。该市在通往市中心的道路上设置了 18 个路边监视器，利用射频识别、激光扫描和自动拍照等技术，实现了对一切车辆的自动识别。借助这些设备，该市在周一至周五 6 时 30 分至 18 时 30 分之间对进出市中心的车辆收取拥堵税，从而使交通拥堵水平降低了 25%，同时温室气体排放量减少了 40%。

8.1.7　里昂

该市与 IBM 的研究人员联手建立了一个可以帮助减少道路交通拥堵的系统，使用实时交通路况报告来检测和预测交通挤塞。

如果运营商看到可能会发生交通堵塞，就可以相应地调整交通信号，以保持平稳的车流。该系统在紧急情况下尤其有用，比如在救护车前往医院的途中。随着时间的推移，系统中的算法将从最成功的建议中“学习”，并将这些知识应用到将来的预测当中。

8.1.8　巴塞罗那

该市大力采用传感器使城市管理更便捷。

在该市高新技术中心的试验区内，一个红绿灯上的小黑盒子，可以给附近盲人手中的接收器发送信号，并引发接收器振动，提醒他已经到达了路口。

地上小突起形状的东西就是停车传感器，司机只需下载一种专门的应用程序，就能够根据传感器发来的信息获知空车位信息。

巴塞罗那宏伟的圣家族大教堂也建立了完善的停车传感器系统，以引导人客车停放；试验区草地上铺满了传感器——湿度传感器，它能感知地面的温度，以确定何时应该给草地浇水。

铺设在垃圾箱上的传感器能够检测到垃圾箱是否已装满，垃圾箱上还装有气味传感器，如果垃圾箱的气味超出正常标准，传感器就会自动发出警报，进行提醒。

8.1.9 新加坡

新加坡于2006年推出《智慧国2015计划》，政府门户网站公开了50多个政府部门的5 000多个数据集。

新加坡建立起一个"以市民为中心"，市民、企业、政府合作的电子政府体系，让市民和企业能随时随地参与到各项政府机构事务中。

在交通领域，新加坡推出了电子道路收费系统（Electric Road Pricing）等多个智能交通系统。

在医疗领域，开发了综合医疗信息平台。

在教育领域，通过利用资讯通信技术，大大提升了学生对学习的关注度。

在文化领域，国家图书馆部署了一套灵活而性能超强的大数据架构，通过云端计算的模式，处理从战略、战术到实际业务的不同分析需求，提供高性价比的解决方案。

8.2 智慧城市国内案例

我国2014年迎来智慧城市的元年，这一概念现已在城市基础建设、交通管理、文化事业、教育事业、医疗卫生等领域形成了显著的影响。

8.2.1 北京

北京作为我国的首都，是全国的政治、文化中心，智慧城市的发展受政府的主导性较强，主要采取政府主导、市场参与、多方合作的模式，在智慧城市顶层设计的基础上，百度、阿里、腾讯等大型互联网公司积极参与，此外，清华、北大、人大等高校也与企业、政府有较强的合作关系，多方合作模式在政府的引导下逐渐形成。在智慧交通方面，北京在亦庄区、顺义区、房山区和海淀区均展开了无人驾驶测试区，无人驾驶汽车是通过车载传感系统感知道路环境，自动规划行车路线并控制车辆到达预定目标。2016年，全球第一条V2X潮汐车道正式对外投放使用，实验道路位于北京经济技术开发区荣华中路至博大大厦路段，含公交专用道、潮汐车道、主辅路等复杂交通环境。2017 年 4 月 19 日，百度发布"APOLLO"新计划，开放自动驾驶平台，分享环境感知、路径规划、车辆控制、车载操作系统等功能的代码或能力，并且提供完整的开发测试工具。2018 年，房山区在北京高端制造业基地打造国内第一个 5G 自动驾驶示范区。海淀区开放自动驾驶应用场景，开展短途接驳、物流配送、智能清扫、智能公交等自动驾驶示范应用，推动自动驾驶载人测试。

8.2.2　上海

上海在智慧城市的体系化建设方面走在全国城市的前列，临港新区作为国际化新区的定位，人工智能是临港重点发展的产业之一。在产业方面，如寒武纪、商汤等一批优秀人工智能企业落户临港，其技术需要找到应用场景。而临港相较上海市区地广人稀，在人员不足的情况下，正是科技发挥优势的机会。人工智能在临港赋能城市精细化管理中采用了"6＋1＋X"框架。其中，6 代表各种基础能力，1 表示控制调度平台，而 X 就是各种应用场景。6 大基础能力包括感能（传感器）、视能（摄像头）、图能（如三维建筑图、BIM 等）、数能（数据）、算能（包括算力和算法）和管能（管理）。其中值得一提的是，上海临港通过 BIM＋GIS 构建精细化的"虚拟临港"，建成首个城市级地理建筑设施融合的数据平台。该平台覆盖整个临港 315 平方千米城市空间，高度还原城市的建筑地理构造，既包含道路、建筑等重要设施的高度、坐标等地理数据，也包含管委会、滴水湖地铁站等重要建筑的内部结构、房间布局、管线铺设等对象化设施数据，能够实时感知城市人口热力图、实时交通车流、停车库状态、视频实时监控等城市运行态势，也可以通过无人机采集回传到中心的数据进行图像自动识别分析，智能发现识别垃圾倾倒、违章建筑、高密人（车）流等异常问题，并对未来发展进行推演和预测。

利用"AI＋"提升了城市精细化管理能力，具体来说主要包括主动发现、智能派单、闭环处置三大流程节点。

主动发现是指面向城市管理小区、道路、商区等，利用传感器、摄像头、无人机、卫星遥感等多种技术手段采集数据，通过 AI 算法实现城市事件的主动发现，7×24 小时全域动态感知。

智能派单是指基于历史派单数据以及经验构建智能派单模型，实现案件工单智能派单，构建智能决策中心，整体提升城市运行处置效率。

闭环处置是指与浦东新区城运中心、临港城运中心、临港处置单位紧密对接，实现事件发现的处置闭环追溯，结案率超 99%。

8.2.3 杭州

2021 年初,杭州“城市大脑”数字界面亮相,集成“先离场后付费”“先看病后付费”“多游一小时”“非浙 A 急事通”等 38 个应用场景,把“城市大脑”打包装进市民手机[17]。

这是杭州“城市大脑”提升治理效能的最新成果,也是这座城市从数字化到智能化再到智慧化不断前行的生动截面。

2016 年,杭州在全国首创“城市大脑”。在此推动下,杭州探索城市数字化建设的步伐不断加快。根据最新发布的《中国城市数字治理报告(2020)》,杭州数字治理指数居全国第一,正在成为“最聪明的城市”。

疫情期间,杭州率先建立“亲清在线”新型政商关系数字平台,开启了惠企政策精准推动、补贴资金实时到账的先河。自平台上线以来,共有 27 万家企业、80.5 万名员工通过平台享受到政府补助资金 77.3 亿元。在城市大脑的总体框架下,杭州将无感智慧审批纳入城市智慧管理体系中,打造“线上行政服务中心”,围绕企业办事全生命周期,上线“工业项目全流程审批”“企业五险一金登记”等“一件事”联办事项。

由数字驾驶舱推动的基层治理应用场景在杭州已屡见不鲜。在商业街区,驾驶舱接入市场监管、公安、城管等系统,打破数据壁垒、提升治理效能。

位于杭州下城区东新街道的新天地街区,集商务、百货、娱乐等多元业态于一体,依托数字驾驶舱,便捷泊车、智慧电梯、“10 秒找房、20 秒入园、30 秒入住”等场景得以有效落地。

以智慧电梯为例,驾驶舱协同市场监管电梯管理系统,对街区内 123 部电梯状况在线监测,一旦发现电梯故障,会立即自动向社区、物业等相关工作人员发送短信,从发出警报至现场处置仅需 7 分 45 秒。

在萧山区,正以物联网应用为基础,打造智慧社区、智慧养老、智慧医疗三者合一的综合性网上医养护平台。健康保健小屋的相关仪器可以测体重、血压、体脂肪含量、骨骼、肌肉含量和卡路里。仪器都安装了物联网感应系统,通过一个个终端采集的个人健康信息可以及时传递到健康云服务平台上,当老人的生理指标超过正常范围时,系统会做出异常告警。老人也可以通过手机 App 管理自身的健康状况,同时老人的子女亲友也可以通过 App 及时跟踪老人的健康状况。

在淳安,启动了水电热气“四表合一”试点。以成熟的电能信息采集网络为基础，在新建住宅小区推行水表、电表、气表、热表四表合并采集，对与民生密切相关的水、电、气、热能源信息数据进行采集分析，运用大数据运算提高社会能源综合利用率。

8.2.4　佛山

2010年，广东省佛山市提出“四化融合智慧佛山”发展战略。在2011年全国“两会”上，佛山市委书记陈云贤透露，佛山已申请全国智能城市示范点，力争3到5年形成“四化融合”雏形。

佛山在跨领域多层面的“智慧城市”建设中都走在全国前列。比如最基本的信息基础建设，在确定智慧城市的发展路线后，佛山展开了一系列推动城市信息化、智能化的合作行动。2011年，政府联手佛山移动，推进基础网络建设和公共服务信息平台应用；2012年3月，牵手神州数码，在智能交通、物联网、云计算等领域开展合作；2014年5月，佛山携手电信，广泛铺开光纤和4G网络等，智慧城市所必不可少的信息网络等基础设施逐渐搭起来。截至2017年11月，光纤入户基本实现全覆盖，佛山成为广东省首个正式发布千兆宽带的城市。

在完善信息基础建设的过程中，佛山还积极了推行全国首创的“市民之窗”自助服务终端，实现多种行政事项的“一窗式”自助办理；佛山“一门式一网式”的政府服务模式改革获全国“创新社会治理”最佳案例并在全省推广；在医疗领域，“健康佛山”是全国首个实现预约挂号、实时结算功能的政务服务类微信公众号平台；2017年3月份，佛山市数据开放平台上线试运行，汇总了41个政府部门共386个数据集，共计3 550多万条数据，访问量已超过28万次。为了统一数据标准体系，打通数据之间的壁垒，更好开发应用和发挥大数据的功能，2018年12月，佛山市又在全省地级市中率先成立数字政府建设管理局。

在健康云方面，保险公司、患者以及各级医院可统一在一个云平台上实现检验结果和电子病历共享、远程会诊、网上挂号和预约门诊等高效服务，减少病患排队、报销的痛苦，节约整体社会的资源；医疗卫生方面，佛山市“南海区市民健康档案管理平台”整合了南海区143家医疗机构的医疗信息资源，包括3个区级医院、12个镇街级医院以及128家社区卫生服务站点的信息。此外，还包括以家庭为单位的每个居民的“居民健康档案”，登录平台可以看到就诊记录、用药情况、各阶段身体健康状况等信息，帮助医生快速了解患者病史，判断病情，合理用药。

同时，通过产业云平台，可在统一设计标准的同时节省整个产业链的成本，以帮助中小企业降低运营成本，使其投资能集中在核心制造优势上，而不是花费在采购等环节上。

8.2.5 深圳

深圳作为国内首批新型智慧城市建设试点城市之一，从高水平建设数字政府起步，走在我国智慧城市建设的前列[18]。

深圳为打造国际新型智慧城市标杆和“数字中国”城市典范，建设成为全球数字先锋城市，正在着力建设“数字孪生城市”，适度超前部署智慧城市基础设施，全面推进民生服务领域智慧化，完善城市治理“一网统管”，加快发展数字经济，持续加强智慧城市建设的组织领导、财政与社会资金投入、大数据人才支撑等。

深圳推进智慧城市规划建设，重点推进数字公共服务供给，加大大数据产业发展支持力度。深圳市卓有成效地构建数字化基层治理模式，在互联网数据中心、多功能智能杆建设方面不断取得新进展。

在智慧城市公共服务方面，深圳市以数字化技术建构新型智慧养老及社区服务模式，通过“龙岗一张图”助力提升龙岗区社会治理精细化水平，通过打造坪山区全民健康信息平台，构建全新的智慧医疗服务模式。

与此同时，深圳智慧城市建设还注重提升智慧法治水平，为推进数据保护与开放立法，深圳研究并科学制定了《深圳经济特区数据条例》。

深圳市福田区委、区政府以深圳织网工程和智慧福田建设为契机，依托大数据系统网络，着力构建以民生为导向的完善的电子政务应用体系，并在此基础上积极开展业务流程再造，有效提高了福田区的行政效能和社会治理能力。主要措施包括：建设“一库一队伍两网两系统”、建设“两级中心、三级平台、四级库”、构建“三厅融合”的行政审批系统、建设政务征信体系。

此外，福田区还把新技术应用与社会治理机制创新相结合。基于流动人口自主申报，建立房屋编码制度，深化“民生微实事”改革，对人口管理、房屋管理、社会参与机制等进行探索。全面梳理“自然人从生到死，法人从注册到注销，房屋楼宇从规划、建设到拆除”与政府管理服务相对应的所有数据，为实现信息循环、智能推送提供数据规范和数据支持。

8.2.6 青岛

青岛市打造的城市智能管理操作系统（City Intelligent Management

Operating System，简称 CIMOS)是基于多维数据分析引擎驱动构筑的城市智能管理决策平台，对城市多维信息进行智能收集、分析和协同，形成城市时空大数据模型和城市动态信息的有机综合体。CIMOS 在业内尚无参考案例，属国内首创。CIMOS 打造四项服务：一是城市时空大数据服务，基于 BIM/GIS 等技术构建园区城市二维、三维可视化数字模型底板，实现园区地理信息数据的一图多层可视化管理；二是园区经济运行管理服务，实现园区税收、产值、固定资产投资和企业与项目运行情况监测与整合分析；是园区智能监督管理服务，搭建覆盖园区的物联网感知体系，实现城市建设、环境、能源、交通、安全等多领域数据的实时传输与分析预警；是园区智慧政务管理服务，开展政务督查督办、融媒体服务、人才引进服务、行政审批、外事接待等服务。通过 CIMOS 的建设，青岛数字生态园区将在招商引资、招财引智和数字经济等领域持续发力，有效拉动地方经济的增长。

8.3　对我国建设智慧城市的启发

分析国内外智慧城市建设的规律与经验，对比我国城市建设实践，我们深受启发。

8.3.1　智能化设施建设

毫无疑问，大数据给城市发展、转型以及实现便捷的公共服务带来了巨大发展空间。然而，大数据的应用离不开互联网、物联网、云计算、AI 等信息化技术的支撑，更有赖于智能化终端的普及。一切基础设施的建设，包括铺设网络、布置传感器、搭建系统平台、实现数据全采集等，无疑都需要庞大的资金投入。无论是政府支持，还是企业市场运作，对智慧城市建设而言，都是必不可少的。

8.3.2　顶层设计

智慧城市的建设，不是简单地投入资金、大力推进信息化建设、搭建时髦的应用平台就能代表其发展水平与结构，它需要系统、深入、细致、普遍地考量城市经济、政治、历史、地理、文化、社会、生态文明等因素，以文献调研和社会调查数据分析相结合的方式梳理城市的发展脉络，深入细致地考评一个城市的发展状态，挖掘城市的特点，挖掘城市人的禀性，概括出城市的文化精髓和灵魂，为未来发展的模式与方向提出决策性指导。

8.3.3 多元合作

智慧城市建设是一项浩大的工程，不仅需要大量资金注入与政府政策支持，在科学研究与技术应用等方面更需要政府、企业、科研机构和社会公众的广泛参与。其中，基础设施建设通常以政府投入为主体，与有实力的大型企业合作完成；战略规划与顶层设计更是由政府智库、科研机构与大型企业共同进行，从而确保战略的合理与方向的正确；而到了实际运用的领域，社会公众也必须参与进来，以开放的态度接受改变、亲身体验进而提供数据与反馈，推动智慧城市建设。总之，只有社会各界广泛积极地参与，才能使得智慧城市蓬勃发展，体现价值。

参 考 文 献

[1] GB/T 34678－2017.智慧城市　技术参考模型[S].

[2] IMT－2020(5G)推进组.5G－Advanced 场景需求与关键技术白皮书[S].

[3] 中国联通,中国联通 5G 超智能园区白皮书[R].北京,2019－11－23.

[4] 中国信通院,中国人工智能产业发展联盟.人工智能发展白皮书产业应用篇[R].北京,2018－12－27.

[5] 中国信通院.区块链赋能新型智慧城市白皮书[R].北京,2019－11－08.

[6] 中国信通院,CCSA TC601 大数据技术标准推进委员会.城市大数据平台白皮书[R].北京,2019－06

[7] 中国信通院安全研究所.大数据安全白皮书[R].北京,2018－07－16.

[8] 中国信通院.云计算白皮书[R]。北京,2021－07－27.

[9] 工业互联网产业联盟.工业互联网园区网络白皮书[R].北京,2019－12－26.

[10] GB/T 36333－2018.智慧城市顶层设计指南[S].

[11] 引用习近平：激发制度活力激活基层经验激励干部作为　扎扎实实把全面深化改革推向深入.新华网.2018－07－06.

[12] GB/T 34680.2－2021.智慧城市评价模型及基础评价指标体系 第 2 部分：信息基础设施[S].

[13] GB/T 34680.1－2017.智慧城市评价模型及基础评价指标体系 第 1 部分：总体框架及分项评价指标制定的要求[S].

[14] 中国信通院,中国互联网协会,中国通信标准化协会.数字孪生城市白皮书[R].北京,2021－12－21.

[15] 中国信通院.数字孪生城市研究报告[R].北京,2018－12.

[16] 中国移动.数字孪生城市白皮书[R].北京,2020－12－17.

[17] 黄平.给城市装上“大脑”——杭州市智慧城市建设调查[N].经济日报,2021－03－29(9).

[18] 袁义才,陈凯.深圳蓝皮书：深圳智慧城市建设报告(2022)[M].北京：社会科学文献出版社,2023.